3种披碱草属牧草繁殖生物学特性研究

◎德 英 著

中国农业科学技术出版社

图书在版编目（CIP）数据

3种披碱草属牧草繁殖生物学特性研究／德英著 . —北京：中国农业科学技术出版社，2019.8

ISBN 978-7-5116-4334-6

Ⅰ.①3… Ⅱ.①德… Ⅲ.①牧草-繁殖-研究 Ⅳ.①S540.3

中国版本图书馆 CIP 数据核字（2019）第 173690 号

责任编辑	陶　莲　闫庆健
责任校对	马广洋

出 版 者	中国农业科学技术出版社
	北京市中关村南大街 12 号　邮编：100081
电　　话	（010）82109705（编辑室）　　（010）82109702（发行部）
	（010）82109709（读者服务部）
传　　真	（010）82106625
网　　址	http://www.castp.cn
经 销 者	各地新华书店
印 刷 者	北京建宏印刷有限公司
开　　本	710mm×1 000mm　1/16
印　　张	6.25　彩插　8 面
字　　数	85 千字
版　　次	2019 年 8 月第 1 版　2019 年 8 月第 1 次印刷
定　　价	88.00 元

《3种披碱草属牧草繁殖生物学特性研究》
著者名单

主 著　德 英

参 著　(按姓氏笔画排列)

乌吉玛　王智勇　王照兰　赵来喜　赵 玥

徐春波　穆怀彬

资助项目及单位

1. 中国农业科学院科技创新工程

2. 中央级公益性科研院所基本科研业务费（中国农业科学院草原研究所）专项资金（1610332012008）

3. 国家自然科技资源共享平台牧草植物种质资源标准化整理、整合及共享试点（2005DKA21007）

前　言

披碱草属（*Elymus* L.）是禾本科（Gramineae）小麦族（Triticeae）内种类最多、分布最广的一个属，该属作为麦类作物的近缘属，是麦类作物遗传改良的重要优异基因资源；是分布于北半球寒温带的一种比较古老的野生草种，富含蛋白质，是牛、马、羊均喜食的优等饲用禾草，具有产量高、易栽培等优良特性，是我国北方地区优良的适应性极强的一种多年生栽培牧草，被广泛用于人工草地建植和天然草地改良。20 世纪 70 年代以来，在我国北方温带干旱地区广泛种植，面积逐年扩大，披碱草（*Elymus dahuricus*）、老芒麦（*E. sibiricus*）已在东北、华北、西北等地栽培利用，并成为这些地区建立人工草地的主要牧草。

本文对我国 3 种披碱草属牧草（老芒麦、麦薲草（*E. tangutorum*）和披碱草）不同熟性的 18 个居群进行了开花物候、繁育系统以及胚胎发生等方面的研究，初步阐述了它们的繁殖生物学特性，以期为披碱草属牧草的育种和栽培生产提供理论依据。取得的主要研究结果如下。

1. 花部综合特征及开花物候

（1）3 种披碱草属牧草的开花习性为穗中部和顶部的花先开，然后逐步向上、下扩展，基部花最后开放。对于某一个小穗来说，基部小花（即第一、第二朵小花）最先开，然后逐渐向上扩展，顶部小花最后开放。

（2）老芒麦早熟和中熟居群开花时间为 13: 00—14: 00，持续时间约 1 h，晚熟居群的开花时间为 15: 20—15: 50，持续时间约 0.5 h，花药均为黄色。

（3）麦薲草和披碱草的中熟居群开花时间为 11：00—11：30，11：30 之后内外稃张角开始减小，至 14：00 时则完全闭合；晚熟居群的开花时间在 15：20—15：40，仅在 10 min 内花药开裂使花粉粒散出，除披碱草晚熟居群花药稍有紫色外，其余居群花药均为紫色。

（4）不同熟性老芒麦、麦薲草和披碱草的花期集中在 6 月中旬至 9 月上旬，同一年的不同居群间物候存在明显的差异。而不同年份即 2010 年和 2012 年的同一居群的物候也稍有不同，但保持着相近的开花进程。

2. 繁育系统

（1）3 种披碱草属牧草盛花期后相应天数的花粉活力是早熟居群高于中熟居群，中熟居群高于晚熟居群；早熟居群花粉活力达最高后可持续 6 d，中熟居群和晚熟居群持续 5 d。

（2）3 种熟性老芒麦居群的花粉活力，早熟居群盛花期当天活力最高，至花后 9 d 时丧失活性。中熟居群盛花期的花粉活力比始花期和末花期的持续时间较长，花粉寿命为 7~8 d。晚熟居群盛花期的花粉活力较高，寿命为 8 d。在盛花期开始后的前 2 d，柱头可授性强；早熟居群和中熟居群的柱头从盛花期第 1 d 开始直至第 10 d 均有可授性，晚熟居群的柱头从盛花期第 1 d 开始至第 8 d 均有可授性，因此老芒麦的最佳授粉期在盛花期第 1~2 d。

（3）2 种熟性麦薲草居群的花粉活力，盛花期第 1、第 2 d 不存在显著差异（$P>0.05$）；第 3 d 中熟居群显著高于晚熟居群（$P<0.05$），第 4、第 5 d 极显著高于晚熟居群（$P<0.01$），第 6、第 7 d 显著高于晚熟居群（$P<0.05$），第 8 d 不存在显著差异（$P>0.05$），第 9 d 花粉活力均为 0。两种熟性的麦薲草居群，柱头在盛花期开始后的 2 d，柱头可授性强；晚熟居群从盛花期第 1 d 开始至第 9 d 均有可授性，中熟居群的柱头从盛花期第 1 d 开始直至第 10 d 均有可授性，强弱略有差异。总体上，麦薲草的最佳授粉期在盛花期第 1~2 d。

（4）2 种熟性披碱草居群的花粉活力，盛花期第 1~4 d 中熟居群均极显著高于晚熟居群的（$P<0.01$），第 5、第 6 d 不存在显著差异（$P>0.05$），第 7 d 花粉活力均为 0。两种熟性的披碱草柱头在盛花期第 1 d，柱头可授性强。中熟居群的柱头从盛花期第 1 d 开始至第 7 d 均有可授性，晚熟居群的柱头从盛花期第 1 d 开始直至第 8 d 均有可授性，强弱有差异。披碱草的最佳授粉期在盛花期第 1 d。

（5）3 种披碱草属牧草不同熟性居群的开放授粉结实率间存在差异。披碱草的结实率最高，麦薲草次之，老芒麦的最低。

（6）3 种披碱草属牧草花粉-胚珠比（P/O 值）、杂交指数（OCI）及套袋授粉结实率统计结果表明，此 3 种披碱草属牧草的繁育系统均为兼性自交交配系统。

3. 老芒麦胚胎发生过程

（1）老芒麦早熟居群胚胎发生过程。开花后 6 d，形成 32-细胞椭圆形原胚，其胚乳游离核之间形成细胞壁，基本完成胚乳细胞化。胚乳细胞较大，细胞间有较大的间隙，接近种皮的 1~2 层细胞比胚乳细胞小。原胚细胞进一步分化，花后 7 d 形成棒状胚，此时胚发育已进入分化胚阶段。棒状胚具有明显的胚柄，胚乳细胞变大，种皮外有较厚的角质层，并胚乳最外的 1 层细胞开始分化为糊粉层，糊粉层细胞体积较小，细胞核较大，细胞排列规则而紧密。花后 8 d 时，形成一个凹陷，这凹陷为生长点，在生长点的上部开始分化出胚芽鞘的上半部分及盾片，并盾片和胚芽鞘部分开始分离，此阶段称为分化胚 I。花后 9 d 左右，在生长点下部出现一个凹陷，此时盾片和胚芽鞘分离，胚芽鞘将生长点包围，而生长点进一步分化形成第一叶原基，为分化胚 II。花后 10 d 时，第一叶原基下方的凹陷分化为胚根和胚根鞘，此时期为分化胚 III。花后 11 d 已完成胚器官的发育，此时的胚具有盾片、胚芽鞘、胚芽、胚轴、胚根、胚根鞘以及外胚叶，为成熟胚，此时胚柄完全退化。从分化胚至成熟胚，胚乳细胞形状不规则，体积比糊粉层细胞的大，有较大的细胞间隙。

（2）老芒麦晚熟居群胚胎发生过程。开花后 6 d，形成 16-细胞的椭圆形原胚，胚乳游离核之间形成细胞壁，基本完成胚乳细胞化。胚乳细胞较大，细胞间有较大的间隙，接近种皮的 1~2 层细胞比胚乳细胞小。开花后 7~8 d，16-细胞的原胚进一步分化形成 32-细胞的棒状胚，具有明显的胚柄，胚乳细胞变大，种皮外有较厚的角质层，并胚乳的最外 1 层细胞开始分化为糊粉层。花后 9 d 时形成梨形胚，胚的上部和下部分别有一个凹陷，即各有一个生长点，糊粉层细胞体积较小，细胞核较大，细胞排列规则而紧密，而胚乳细胞排列无规则。花后 10 d 时，胚上部生长点分化出盾片和胚芽鞘的上半部部分，并盾片和胚芽鞘开始分离，为分化胚 I。花后 11 d 时，盾片和胚芽鞘分离，第一叶原基形成，胚芽鞘将第一叶原基包围，此时的胚为分化胚 II。花后 12 d 时，下部的生长点分化为胚根和胚根鞘，胚芽和胚根中间有胚轴，胚器官完全分化形成，胚柄退化，发育成成熟胚。从分化胚至成熟胚，胚体周围的胚乳细胞开始解体，胚体和胚乳细胞间出现较大的空隙。

著者

2019 年 7 月

目　录

1 引　言

1.1　植物繁殖生物学的研究概况

植物繁殖生物学（Reproductive biology）是研究植物有性生殖过程的一门学科，以花器官特征、繁育系统、胚胎学等研究内容为重点，从不同层次、个体、居群、物种、群落乃至生态系统进行研究，揭示植物在其生殖、繁衍等过程中的一系列机理和机制。

1.1.1　花部综合特征及开花物候

植物花部综合特征可分为两个层次，包括花展示和花设计。花展示是指花在某一时刻开放的数量和在花序上的排列方式，可作为花在群体水平上表现出的特征。花设计是指花的结构、气味、颜色等所有单花特征。植物花部结构的变异往往伴随传粉生态的变化，与繁育系统和传粉者习性必定是一起进化起来的。

对植物花部综合特征的研究，国内外已有许多相关报道。任明迅研究两性花的雄蕊运动提出花粉呈现理论和雄蕊级联运动，为花部特征和雄蕊运动方面的研究提供了理论依据。李霞等研究波缘风毛菊（*Saussurea undulate*）资源分配及花部特征认为，花期时将更多的资源投入到繁殖器官，而果期时增加了对种子的资源投资。一些龙胆科植物的花形多样，花寿命延长，并有规律的昼夜开放和闭合，同时节约能量，龙胆科植物有些种具有雌雄异位和雌雄异熟现象，这些结构特征可以有效地吸引传粉昆虫来进行传粉；李肖夏研究淫羊藿属（*Epimedium*）花部特征及传粉适应认为，花部特征的差异和不同花药的开裂方式使物种表现出不同的花部设计，在淫羊藿属植物中，花粉呈现的策略具有重要的生态适应性意义。Faegri 认为，对花及其结构的认识只有与传粉生态学联系在一起，才能获得客观而全面的认识。花部特征会对访问者行为和花粉传递机制产生影响，这种影响又会反过来作用于雌性（花粉受体）和雄性（花粉供体）亲本的繁殖成功率，维持花与传粉者之间关系的花部综合特征，如蜜腺、花粉、气味以及花色等，被称为"诱物"。花部的形态特征是传粉昆虫重要的"诱物"和视觉启示，通过影响传粉者的有效传粉进而影响植物传粉的成功。通常情况下，多花的开花样式可以吸引更多的传粉者，从而提高坐果率和花粉输出率。相应的，同一植株上昆虫访花频率的增加，也会使同株异花授粉的概率增加。

传粉生态学研究是进化生物学研究中最为活跃的领域，传粉系统被认为是被子植物多样化最重要的一个因素，根据不同类型的传粉媒介可将传粉系统分成生物传粉和非生物传粉。生物传粉中虫媒传粉一直是传粉生态学研究的热点，着重关注植物的花部形态、花冠颜色等传粉综合特征与访花昆虫的关系；不同花期传粉者访花频率的变化；光照、温度、天气条件等多个因素对访花昆虫的影响。风媒是非生物传粉中的典型，近年来我国学者也开展了以种为对象的传粉生物学观察，黄双全等提出只有将花部特征和传粉生态学联系在一起，才能对其进行彻底研究。谭敦炎等对新疆党参的花部综合特征与次级花粉呈现现象进行了探究，马淼等对类短命植物异翅独尾草的传粉特性进行了相关报道。

开花物候（Phenology）是植物生殖生态学的重要组成部分，是研究自然界生物与非生物以及周围环境因子之间相互关系的科学，是植物生殖生物学最基本的环节。研究内容主要包括始花期、盛花期、花期持续时间、终花期以及与环境条件相互关系等方面，在群落、种群、个体、花序或单花等多个水平上进行开花式样和非生物因素，植物开花遗传基础与自然选择之间的关系，探讨其适应性意义，花期物候的研究对植物适合度的评判可以起到一个参考的作用。近年来，关于花期物候的研究越来越受到重视，如效述等以内蒙古羊草（*Leymus chinensis*）为材料，统计 1983—2002 年的物候期，分析与气象因子的相关性，结果表明，返青期和枯黄期均有提前的趋势。陈莉等对荚蒾属（*Vibumum*）植物进行了研究，认为荚蒾属植物的生殖与营养生长呈现两种关联方式，早花和晚花分别伴随着营养的生长出现竞争和支持策略，对果实发育具有较强的保障性。张往祥等对观赏海棠（*Ornamental crabapple*）花期物候进行了研究，表明其花期的长短由遗传因素和日最高气温共同影响。柴胜丰等对金花茶（*Camellia nitidissima*）研究，结果表明花期长度与开花数目呈正相关，个体始花时间与坐果率、花期长度之间存在显著的负相关关系。这些研究成果对植物后续适合度及遗传特性等研究奠定了基础。因此，对花部综合特征及开花物候的研究均可体现不同植物在有性生殖阶段呈现的开花结果特性和繁殖资源策略，为植物适合度及其进化等的研究奠定了基础，花部综合特征和花期物候是研究植物对环境适应性进化的重要内容。

开花物候是展开繁殖生态学其他相关研究的基础，对植物的生殖成功具有一定的影响。它对植物在多个水平上的开花物候特征及各物候参数的时空变异程度进行研究，可以探讨并揭示影响植物开花时间的进化选择压力。Widen 认为一个种群的开花物候是其植物个体物候的总和，始花日期、开花高峰期和开花持续时间等均是植物个体的变量，同一植物上的花因开放时间不同而在资源竞争上存在时间差异，进而结实情况产生差异。李新蓉、肖宜安等研究表明，蒙古沙冬青（*Ammopiptanthus mongolicus*）和濒危植物长柄双花木（*Disanthus cercidifolius* var. 1ongipes）的坐果数与始花时间呈负相关（即始花时间迟的比始花时间早的坐果率低）。康晓珊等对 4 种沙拐枣的花和果进行研究，发现花和果的位置不一致，开花高峰期的坐果率较高，开花数与坐果数存在显著正相关。目前国外有关植物开花物候的研究主要集中在物候模式的系统发生和生活型的综合分析、共存种的物候分化研究、单个种的种群沿海拔、纬度梯度或者在生态异质生境之中的变异研究和种群内的物候变异研究四个方面。国内相关研究主要集中在开花物候与生殖特征、开花物候与繁育系统、开花物候与传粉和开花物候与环境等方面的研究。

植物花部性状的可塑性是表观遗传学上环境条件与遗传基因共同作用的结果。植物花部形态这种环境饰变，有助于开花植物应对环境的快速变化带来的挑战。Stebbins 提出的假说：植物花部构成的进化往往是朝着最有效传粉者的方向，适应最有效传粉者访问进行的。这一假设认为，传粉者与植物间形成一个稳定专化的依赖关系是传粉系统进化的终极目标，由传粉者选择作用形成的自然选择力是植物花部适应性进化的主要动因，进而成为被子植物物种形成和形态多样性的主要源动力之一。

1.1.2 繁育系统

繁育系统（Breeding system）是植物繁殖生物学的重要内容，对植物繁育系统的了解是认识植物生活史的前提，也是其他相关研究所需的基本背景知识。繁育系统是指代表所有影响后代遗传特性组成的有性特征的总和，最早可追溯到由 Darwin 利用人工杂交方法，揭示了自交和异交的效果及不同花型的适应和影响是当今研究繁殖生物学和进化生物学中最为活跃的领域，主要涉及花粉活力与柱头可授性以及交配系统等。国内外部分学者对植物的花粉及其与气候关系，植物胚胎、种子萌发及人工授粉等方面进行过一些研究工作。其中交配系统是核心，包括自交、异交和混合型。

植物的交配系统（Mating system）是指植物个体通过有性繁殖把信息从一个世代传递遗传给下一个世代。因此，植物的交配系统直接影响着植物的遗传结构，强调个体间的交配，如自交（selfing）或是异交（out-cross）。

花粉受限后开花植物面临的首要问题是如何顺利完成交配过程。对于占据整个高等物种大多数的两性花植物而言，异交是形成繁育系统中传粉多样性的主要动力。异交的优势、有利性和多样性早在18、19世纪就得到了形象而深刻的认识。异交传粉机制的多样性来自花结构和传粉媒介的相互适应，其多样性表现在花与传粉媒介两个方面。根据传粉媒介的不同，异交又可主要分为风媒、水媒和虫媒繁育系统。前二者花的构造相对简单，张大勇认为，被子植物传粉机制的极大多样性主要表现在动物传粉的繁育系统，尽管这在很多生态系统或者植物单系发生群中都有相互密切的联系。

不过，在两性花植物中，通过自交来完成生殖作用的类群也不在少数。随着人们对自然界认识越来越深入，自交传粉也被认为是被子植物交配系统进化历程中的另一条主线。总体而言，可归纳为两大方面，一是自动选择（automatic selection）理论，即相关植物的居群在传代过程中，控制自交的基因更高的频率积累；另一是繁殖保障（reproductive assurance）理论，即相关植物在进化过程中保留了应对传粉者波动或丧失后通过自交完成传代的潜能。目前，更多的研究者倾向于支持繁殖保障理论。不过这些证据多为理论上的，目前人们只在十分有限的类群中用实验证实了繁殖保障在开花植物繁育系统进化中的重要作用。事实上，许多开花植物的交配系统被认为是由不同程度的自交和异交组合而成的混合交配系统（mixed mating system）。就具有混合交配系统的开花植物，在环境快速变化过程中繁育系统的适应性进化展开实验研究，对于科学理解植物的适应性进化具有明显的必要性和迫切性。

禾本科植物的单位面积生殖枝数目、每生殖枝单小穗数、每小穗小花数、每小花胚珠数，授粉、受精等有性生殖过程是影响种子产量的重要因素。植物的繁育系统与植物的繁殖紧密相连，是植物繁殖的核心内容之一，是种群有性生殖的纽带，在植物的进化过程和表征变异上起着重要的作用。

汪小凡等认为繁育系统是受精成功的先决条件，不仅雌、雄配子为载体影响个体对下一代相对遗传贡献，促进种群基因的流动和延续，而且也是调节种群遗传结构的有效手段，它更深远的意义在于通过影响生殖成功来影响种群的动态和进化。而有关花部综合特征与交配系统的定量测定已经成为繁育系统研究中相对独立的必需内容、理论、方法等已有许多学者做过报道，国内不少学者也已对繁育系统理论及方法进行了比较全面的综述。

开花植物的繁育系统与其传粉过程之间的进化关系是进化生态学领域中重要的内容，也是该领域当前的研究热点之一，其重点在于揭示开花植物应对不同传粉条件下的繁殖策略，如交配系统的转变、不同的开花策略和两性资源上的分配等。其中，针对虫媒植物的传粉者类型、偏好，传粉行为、习性及频率和效率等传粉系统与植物繁殖器官构成、交配系统构成等繁育系统之间错综复杂的适应性进化关系的相关研究更是占据这一类研究的主体地位。

目前，很多植物的繁育系统都有报道，濒危植物如大果木莲（*Man-glietia grandis*）、中缅木莲（*Manglietia hookeri*）和蒙古扁桃（*Prunus mongolica*），繁育系统均为专性异交型；药材植物如金银花（*Lonicera japonica*）、贯叶连翘（*Hypericum perforatum*）和灯盏花（*Erigeron breviscapus*）

的繁育系统为兼性异交型，而紫堇（*Corydalis edulis*）的繁育系统为自交亲和，需要传粉者；花卉植物如鸢尾（*Iris tectorum*）和蜀葵（*Althaea rosea*）的繁育系统为兼性异交，部分自交亲和，需要传粉者；豆科牧草如紫花苜蓿（*Medicago sativa*）和黄花苜蓿（*Medicago falcata*）的繁育系统为专性异交，而华北驼绒（*Ceratoides arborescens*）是兼性异交。传统探究植物繁育系统的方法主要有人工套袋试验，通过去雄、套袋和授粉等操作处理来观察它们异交和自交的结果率与结籽率，以此来分析其繁育系统类型。还可以通过花粉-胚珠比（pollen-ovule ration，P/O）、杂交指数（out-crossing index，OCI）来探究该植物的繁育系统类型。

1.1.3　植物胚胎学

植物胚胎学是研究植物有性生殖器官和生殖细胞的形成、受精以及胚胎发生规律的植物学分支学科。被子植物胚胎学的研究主要集中在大孢子的发生和雌配子体的形成、小孢子的发生和雄配子体的形成、传粉、受精以及胚胎发生等方面。

植物胚胎学是植物有性生殖和胚胎发育的形态学变化的研究，与植物细胞学密切相关，植物遗传学、植物生理学和发育生物学，特别是植物育种，植物种植等应用学科的理论基础。被子植物胚胎学研究主要是通过石蜡切片的方法技术，半薄切片、扫描电镜、光学显微镜观察雌性和雄性配子体的受精和胚胎发育。研究的对象包括小孢子的发展，雄性配子体的发展和成熟花药，从大孢子花粉形态到雌配子体发育和成熟胚囊。胚胎发育的整个过程，除了授粉几乎涉及所有植物的有性生殖的过程。19 世纪 20 年代，Shnarf 出版的《被子植物胚胎学》，标志着植物胚胎学的诞生。我国 19 世纪 50 年代建立胚胎学，60 年代初，植物胚胎学在我国开始成为植物学的一个分支。从 19 世纪 50 年代到现在，植物胚胎学的研究发展与细胞生物学和分子生物学的发展，已经演变成生殖生物学。在这个阶段，胚胎超微结构从电子显微镜的应用到二维的精确方法重建、图像分析和定量分析，揭示了雄性和雌性生殖单位，两个精子细胞类型，支持许多新受精现象。自 19 世纪 80 年代以来，开启了研究细胞分离研究，进行了技术和体外受精的研究领域系统。19 世纪 90 年代，克兰兹等突破了玉米的体外受精，并进一步使人工受精卵发育成健壮的植物。经过 100 多年的研究，胚胎学已经形成了一个完整的学科体系。

植物胚胎学的很多方面，国际研究报告的发展、全球经济的快速发展和生物技术、植物胚胎学的研究和发展前景越来越宽，它们的地位在生物学上已被越来越多的关注。Pullaiah 全面总结了菊科植物的胚胎学研究，其特征也常常被用于讨论属的系统发育地位和系统学。研究烟草小孢子母细胞的胼胝质壁，证明它可以导致过早的雄性不育。迪亚斯等研究了温度对四个大白菜品种在不同温度下的小孢子发生的影响。普通小麦 （*Triticum aestiuvm*） 在不同的发展阶段中子房小孢子发育与胚胎发展的影响，在预处理的过程中，卵巢在不同发展阶段为胚胎发育提供必要的营养，所以胚胎发展发挥了重要作用。

在 20 世纪初，我国很少研究植物胚胎学，直到 20 世纪 50 年代，植物胚胎学成为植物学的一个重要分支，受到越来越多的专家和科研人员重视。在 20 世纪 80 年代，我国植物胚胎学专家逐渐从事植物胚胎生殖生物学，其中大部分集中在药用植物，经济价值作物和观赏园艺植物。潘芝悦等对木莲属在开花期间，小孢子发生、雄性和雌性配子体进行了研究，结合现有的数据总结木莲属的发育特征。张学英等研究了枣树的受精和胚胎发展，并指出枣胚胎的发展属于茄子的类型，及胚乳发展属于的核型。此外，有一个植物胚胎发展过程的细节，比如巴东木莲 （*Man-glietia patungensis*）、黄檗 （*Phellodendron amurense*）、毛茛泽泻 （*Ranalisma rostratum*）、银杏 （*Ginkgo biloba*）、花生 （*Arachis hypogaea*）、鹅掌楸

（*Liriodendron chinense*）这些植物，丰富了我国的胚胎学研究。到目前为止，我国植物胚胎学和生殖生物学的研究在世界上有一定的影响，具有一定的国际地位。

植物胚胎学在我国的发展大致可以分为三个阶段。

（1）在初始阶段的植物胚胎学的发展，工作上的观察和实验研究进行了裸子植物的胚胎发育；20 世纪的上半叶，植物生殖发育的形态学研究非常少见。

（2）植物学的一个分支，植物胚胎学培养了大量的胚胎学研究人员，以及对胚胎发育进行了描述性研究。在 20 世纪 60 年代初，植物胚胎学逐渐成为中国植物科学的一个分支。在这个阶段，快速发展的显著标志是植物胚胎学实验研究（主要在花药培养）以及在描述性研究，包括配子体发育、受精、胚胎和胚乳发育。关于裸子植物的调查研究主要是由王伏雄和他的合作者来完成的，研究主要包括水松属（*Glyptostrobus*），落羽松属（*Taxodium distichum*），香榧（*Torreya*）和油杉（*Keteleeria*）。应该特别指出的是由 C. L. Lee 在美国杂志植物学报发表的银杏受精作用的研究论文，这篇文章作为裸子植物受精作用的经典文献被引用到现在。在同一时期，研究被子植物主要集中于有经济效益的植物，如大麻槿（*Hibiscus cannabinus*）、陆地棉（*Gossypium hirsutum*）、杜仲（*Eucommia ulmoides*）、山茶（*Camellia japonica*）、稻（*Oryza sativa*）等。这些胚胎学数据对于植物栽培和育种都具有重要的价值。

（3）植物胚胎学的快速发展已进入生殖生物学的阶段。在这一时期，植物胚胎学在中国的发展主要是在被子植物，胚胎学已经成功地应用于解决各种系统问题分类水平的被子植物，但最成功的是用来解决属的分类学和系统学问题或更高等级的问题。

对大孢子的发生和雌配子体的形成的研究很多。兰科植物如黑节草（*Dendrobium candidum*）和五唇兰（*Doritis pulcherrima*）的大孢子发育正常，胚囊分别属于蓼型和葱型；濒危植物灰叶胡杨（*Populus pruinosa*）的胚囊属于蓼型；禾本科植物如小麦（*Triticum aestivum*）和诺丹冰草（*Agropyron nordan*）的研究发现，小麦细胞质在大孢子发生过程中有改组的现象，诺丹冰草的胚囊为蓼型，有无融合生殖现象。也有研究禾本科如华山新麦草（*Psathyrostachys huashanica*）具左右对称的四分体型小孢子，3-细胞型花粉粒，其发育特征与小麦属的基本一致；小黑麦（*Triticale*）和八倍体小滨麦（*Tritileymus*）杂交后 F_1 代的部分四分体小孢子才能进行正常的有丝分裂，并产生花粉粒，在小孢子的发生和雄配子体的形成过程中还存在染色质活动不同步、小孢子无丝分裂及对称的有丝分裂等一些特殊情况；观察小麦（*Triticum aestivum*）的小孢子的发生和雄配子体的形成过程的超微结构时发现，在小孢子母细胞减数分裂有质体和线粒体的脱分化及再分化过程；羊草（*Leymus chinensis*）的小孢子母细胞减数分裂过程为连续的，四分体小孢子也左右对称，成熟花粉粒为 3-细胞型，与禾本科胚胎特征基本一致。在胚胎发育方面，禾本科植物如大麦（*Hordeum vulgare*）的早期胚发育与小麦的相似；小麦（*Triticum aestivum*）与粗山羊草（*Aegilops tauschii*）进行正反交后观察胚胎发育过程得知，正交组合的成胚率低于反交组合的，但幼胚正交组却高于反交组合；华北新麦草（*Psathyrostachys huashanica*）的胚胎发生属紫宛型，胚乳发育为核型；比较无芒雀麦（*Bromus inermis*）、冰草（*Agropyron cristatum*）和短芒大麦草（*Hordeum brevisubulatum*）等 3 种牧草的颖果发现，虽然在形态上有些差异，但胚胎发育都属于禾本型。

1.2 披碱草属牧草概述

披碱草属牧草（*Elymus L.*）是禾本科（Gramineae）小麦族（Tritice-

ae）的多年生草本植物，披碱草属牧草幼嫩期青绿多汁，质地细嫩，可
用于放牧；老的除直接饲喂乳牛外，还可调制干草或青贮料，作为乳牛
优质贮备饲料。该属牧草抗性强，是麦类作物遗传改良的重要优异基因
来源。适应性极强，易栽培，叶量大、品质好，是牛、马、羊均喜食的
优等饲用禾草，广泛用于人工草地建植和天然草地改良。20 世纪 70 年代
以来，在我国北方温带干旱地区广泛种植，面积逐年扩大，披碱草（*Ely-
mus dahuricus*）、老芒麦（*Elymus sibiricus*）已在东北、华北、西北等地栽
培利用，并成为这些地区建立人工草地的主要牧草。

    披碱草属牧草广泛分布在南、北半球温带地区，在我国主要分布于
西南及北方山地，主要分布在内蒙古、青海、四川、西藏和新疆等地。
披碱草属内各种间形态差异较大，根据狭义的披碱草属概念，我国有 12
个野生种，分别为黑紫披碱草（*Elymus atratus*（Nevski）Hand. -Mazz.）、
短芒披碱草（*Elymus breviaristatus*（Keng）Keng f.）、圆柱披碱草（*Elymus
cylindricus*（Franch.）Handa）、披碱草（*Elymus dahuricus* Turcz.）、青紫
披碱草（*Elymus dahuricus* Turcz. var. *violeus* C. P. Wang et. H. L. Yang）、肥
披碱草（*Elymus excelsus* Turcz.）、垂穗披碱草（*Elymus nutans* Griseb.）、
紫芒披碱草（*Elymus purpuraristatus* C. P. Wang et. H. L. Yang）、老芒麦
（*Elymus sibiricus* L.）、无芒披碱草（*Elymus submuticus*（Keng）Keng f.）、
麦薲草（*Elymus tangutorum*（Nevski）Hand. -Mazz.）和毛披碱草（*Elymus
villifer* C. P. Wang et. H. L. Yang）。

1.3　披碱草属牧草繁殖生物学的研究概况

    杨允菲等对披碱草、肥披碱草、老芒麦和圆柱披碱草的结实器官和
种子产量进行了研究，结果表明，圆柱披碱草的穗序最短，每穗上的小

花数和饱满籽粒数最少，小穗数最多，结实率最低，千粒重最高；肥披碱草的穗序最长，每穗上的小花数和饱满籽粒数最多，千粒重最低；披碱草的结实率最高；每个穗序上的小穗数以老芒麦最少。不同生境的肥披碱草，各性状生长在旷野的明显好于生长在林下的。

王海清等借助光学显微镜对披碱草属麦薲草、披碱草、圆柱披碱草和老芒麦 4 种牧草的叶下表皮微形态特征进行分类鉴别。结果表明，脉间长细胞为近长方形，垂周壁形状为浅波状、深波状；有短细胞存在，呈椭圆形、孪生；气孔器副卫细胞呈圆屋顶形、平屋顶形；硅质乳突存在于脉间长细胞上；表皮细胞大小、垂周壁式样、气孔器大小和硅质乳突等特征在种间存在一定的差异，可以作为本属种间分类鉴别的参考依据。

胚乳是麦类作物种子的重要组成部分，其重量占籽粒重量在 90% 以上。胚乳特性是一个相对稳定的遗传性状，可以将胚乳特性作为植物分类和系统关系的一个指标。高刚等研究了 6 个披碱草属物种胚乳多样性，胚乳细胞平均长 55. 85~80. 73 μm，平均宽 34. 77~53. 14 μm，平均长宽比介于 1. 47~1. 88。其中，*Elymus canadensis* 和 *E. sibiricus* 的两个四倍体物种胚乳细胞较小，多为椭球形和长方形，与其他六倍体材料的胚乳细胞大小差异明显。短芒披碱草 （*E. breviaristatus*）、披碱草 （*E. dahuricus*）和肥披碱草 （*E. excelsus*）的胚乳细胞较大，形状各异，数量多，细胞排列整齐而有规律，分布较均匀。垂穗披碱草 （*E. nutans*）的胚乳细胞多为椭球形，细胞较多，分布紧密。无融合生殖披碱草 （*Elymus rectisetus*）（2n=6x=42，SSYYWW）是目前发现的小麦族 （Triticeae） 中唯一的无融合生殖种，属二倍性孢子形成的假受精无融合生殖类型。无融合生殖能固定杂种优势，简化育种程序，缩短育种年限；因此无融合生殖披碱草 （*E. rectisetus*） 及其向小麦中导入的研究一直受到遗传育种学家的重视。与有性生殖相比，无融合生殖类型大孢子母细胞 （MMC） 的形成有三个显著特点：一是 MMC 在早前期合点形成液泡；二是 MMC 核显著伸长，呈椭圆形或哑铃形；三是 MMC 周围缺乏含胼胝质的细胞壁。*E. recti-setus* 与披碱草属内的种间杂交取得较大进展，促进了其分类和遗传学研究。*E. rectisetus* 与近缘属杂交成功例子逐渐增多，目前国内外已成功进行了普通小麦与 *E. rectisetus* 属间杂交，为最终将 *E. rectisetus* 无融合生殖基因导入小麦奠定了基础。

苏旭等采用石蜡切片法对披碱草属 3 组（长颖组、宽颖组、小颖组）植物叶片横切面形态学特征进行观察，结果显示，披碱草属 3 个组植物的叶片均为等面叶，由表皮、叶肉和维管束三部分构成，表现为典型的狐茅型，即表皮细胞形状、大小和排列不均，叶肉无栅栏组织和海绵组织之分，具有双层维管束鞘，周围叶肉细胞呈不规则排列，厚壁组织与表皮相接；但 3 个组植物在上表皮细胞形状、大小、沟的深浅，以及大型导管数目等叶片横切面特征上存在明显差异。

赵彦等为揭示加拿大披碱草新品系大、小孢子的发育特点及开花习性，采用石蜡切片法对大、小孢子发育做了解剖研究；在开花期观测开花动态，并采用回归法分析了开花与温湿度的关系。结果表明：加拿大披碱草新品系花粉母细胞减数分裂属于连续型胞质分裂，胚囊发育类型属于单孢子胚囊。在呼和浩特地区加拿大披碱草新品系于每年 7 月中、下旬开花，开花持续期约为 2 周，开花第 6 d 达到高峰，盛花期开花时间集中于每日 13:00—18:00 时。开花适宜温度为 28℃左右，相对湿度为 43% 左右。

谢菲等对披碱草幼穗分化和发育过程进行解剖观察，结果表明披碱草幼穗经历了初生期、伸长期、结节期、小穗突起期、颖片突起期、小花突起期、雌雄蕊形成期、抽穗期共 8 个不间断的分化时期。在披碱草分蘖期，幼穗分化经历了初生期、伸长期和结节期 3 个时期；在拔节期，幼穗分化经历了小穗突起期和颖片突起期 2 个时期；小花突起期和雌雄蕊形成期集中于孕穗期，幼穗分化结束于抽穗期。分化过程中，穗中上部的小穗先发育，后向上下两个方向发育，穗基部的小穗发育较晚；小穗基部的小花先发育，然后由基部向上逐渐发育。

李造哲等采用常规石蜡切片法，对披碱草（*Elymus dahuricus* Turcz.）胚和胚乳发育过程进行了观察。结果表明：披碱草花后 6 h 卵细胞受精形成合子，合子休眠期长约 6 h。花后 12 h，合子进行第一次分裂。花后 1 d，形成了四细胞原胚，胚胎发生属紫菀型。花后第 9 d，在梨形原胚偏上一侧出现小凹沟，器官开始分化。花后第 18 d 时，胚的结构基本发育成熟。披碱草有异常胚发生的现象。胚乳发育早，胚发育晚，胚乳的类型属于核型胚乳。

披碱草属牧草模式种老芒麦（*Elymus sibiricus* L.）的交配系统有不同的记载，盘朝邦在《一些牧草植物的主要授粉方式》一文中，记载老芒麦为异花授粉植物，闵继淳在《多年生异花授粉牧草品种及选育方法的讨论》中也指出老芒麦是异花授粉植物；徐柱在《中国禾草属志》记载老芒麦为自花授粉植物；而 Hamrick 和 Godt 也曾对涉及 165 个属、449 个种的不同类型植物的遗传变异水平和居群分化程度进行统计，结果发现自花授粉植物 51%的遗传变异存在于居群间，异交风媒植物绝大部分（90.1%）的遗传变异存在于居群内，只有 9.9%的存在于居群间，项目组前期对 8 种披碱草属牧草居群间表型分化系数进行了计算，表型分化系数分别为麦蕡草（37.30%）>圆柱披碱草（31.96%）> 垂穗披碱草（26.86%）> 披碱草（26.70%）> 老芒麦（22.76%）> 肥披碱草（20.95%）>短芒披碱草（19.03%）>黑紫披碱草（10.51%），平均变异系数为 24.86%，从这个结论来看披碱草属牧草既不完全属于自花授粉也不完全属于异花授粉。

1.4 研究内容、目的和意义

本研究中选取了表型分化系数存在较大差异的 3 种常见披碱草属牧草（老芒麦、麦薲草和披碱草）不同熟性的居群作为研究对象。

1.4.1 研究内容

1.4.1.1 花部综合特征及开花物候

（1）花序的形态特征。

（2）小穗内部结构的特征。

（3）开花习性的调查。

（4）物候特性的观察。

1.4.1.2 繁育系统

（1）花粉活力的测定。

（2）柱头可授性的检测。

（3）交配系统。不同授粉方式下 3 种牧草结实率的统计；花粉量和花粉—胚珠比的估算；杂交指数（outcrossing index，OCI）的估算。

1.4.1.3　老芒麦胚胎发生过程观察

1.4.2　目的和意义

全面、系统地补充完善牧草种质资源的基本特性，是现阶段牧草种质资源研究者迫切需要进行的一个方向。任何深入研究的前提就是对研究材料的基本特性的了解，越全面越有利于深入探讨，然而，关于披碱草属牧草繁殖生物学方面系统全面的研究报道较少，本研究对老芒麦、披碱草和麦薲草不同熟性的 18 个居群进行了繁殖生物学特性方面的研究，旨在为披碱草属牧草种质资源的进一步评价、种质创新、育种、利用等方面奠定科学基础，为其栽培育种、种质资源的保护及开发利用提供依据。

2 材料与方法

2.1 供试材料与试验地概况

2.1.1 供试材料

供试材料包括早、中、晚熟 3 种熟性的老芒麦（*Elymus sibiricus* L.）居群 8 个；中、晚熟 2 种熟性的麦薲草（*Elymus tangutorum*（Nevski）Hand.-Mazz.）居群 5 个；中、晚熟 2 种熟性的披碱草（*Elymus dahuricus* Turcz.）居群 5 个，共计 18 个居群。供试材料的详细信息见表 1。

表 1 供试材料名录

种名	熟性	居群	来源地	经度	纬度	海拔（m）
老芒麦	早熟	ES003	甘肃合作	102°55′	35°01′	2960
		ES014	青海海晏金滩乡	101°05′	36°48′	2918
	中熟	ES006	吉林敦化	128°16′	43°21′	509
		ES011	呼和浩特和林县摩天岭	112°01′	40°25′	1627
		ES021	新疆乔尔玛兵站	84°27′	44°46′	2322
	晚熟	ES012	呼和浩特苁蓉山庄	111°47′	41°02′	1727
		ES022	内蒙古克什克腾旗	117°18′	42°35′	1616
		ES024	吉林延吉	129°35′	43°05′	330

（续表）

种名	熟性	居群	来源地	经度	纬度	海拔（m）
麦薲草	中熟	ET009	四川道孚	101°13′	30°53′	3280
		ET011	青海海晏县金滩乡	101°05′	36°48′	2918
		ET010	内蒙古呼市小井沟	111°47′	41°02′	1727
	晚熟	ET001	内蒙古锡林郭勒盟白旗	111°38′	42°30′	1298
		ET002	额尔古纳拉布达林	120°41′	50°21′	619
披碱草	中熟	ED001	柴达木盆地伊克高里工区	97°30′	36°02′	2962
		ED002	青海都兰县巴隆乡	97°07′	36°02′	3378
		ED008	青海海晏县金滩乡	101°05′	36°48′	2918
	晚熟	ED005	新疆天山中部巩乃斯	84°01′	43°16′	1884
		ED012	北京沁源县灵空山	112°32′	36°05′	1000

2.1.2 试验地概况

试验在中国农业科学院草原研究所农牧业交错区试验示范基地进行。该基地位于内蒙古呼和浩特市西南土默特左旗沙尔沁乡，地理坐标为东经 111°34′39″~111°47′06″，北纬 40°34′39″~40°35′41″，平均海拔高度为 1 055 m，土壤以淡栗钙土为主；干旱、半干旱温带大陆性气候，冬季长而寒冷，夏季短而炎热，全年最高温度是 37.30℃，最低温度是 -32.80℃，无霜期 130 d 左右。

2.2 研究方法

2.2.1 花部综合特征及开花物候

2.2.1.1 花序的形态特征

在开花期选长势一致的花序标记，采用目测的方法，观察供试材料植株花序的形态及其颜色的测量参数详见表2。

表2 花序形态特征的观察测量参数

形态学指标	单位
植株花序的形态	1 穗状 2 穗形总状变异
在正常光照统条件下的花序颜色	1 黄绿 2 灰绿 3 绿 4 深绿 5 紫色
花序的长度（穗的绝对长度，包括芒）	厘米（cm）
花序直径（穗最宽处的绝对宽度）	毫米（mm）
穗轴节数	节（保留整数位数）
穗轴节间长（穗轴的第一节间长）	毫米（mm）
穗轴边缘毛	0 无 1 有
穗轴小穗总数	枚（保留整数位数）
穗轴每节小穗数	枚（保留整数位数）

2.2.1.2 小穗内部结构的特征

完熟期时，各居群随机选取10枚同时开花的小花进行标记，在解剖镜下测穗轴中部小穗的长度、直径以及含小花数，第一颖和第二颖的长度（不包括芒）、直径、脉数、芒长；小穗第 1 小花的外稃及内稃长度（不包括芒长）、直径、脉数、芒长以及种子的长度和直径等特点，重复 10 次。测量的小穗内部结构的形态学指标及其单位详见表 3。

表 3　小穗内部结构的测量

形态学指标	单位
小穗长度	厘米（cm）
小穗直径	毫米（mm）
小穗含小花数	枚（保留整数位数）
第一颖长度	毫米（mm）
第一颖直径	毫米（mm）
第一颖脉数	条（保留整数位数）
第一颖芒长	毫米（mm）
第二颖长度	毫米（mm）

2.2.1.3　开花习性的调查

选取 5 个即将开放的花序进行标记，记录其开花时间、花序上不同部位穗和小穗上不同小花的开花习性以及花药开花前后的颜色变化，揭示供试材料的开花动态。

2.2.1.4　物候特性的观察

参照《披碱草属牧草种质资源描述规范与数据标准》物候期统计的方法，于 2010 年和 2012 年的 4 月至 9 月对供试材料的物候期进行观测。

从抽穗期开始在田间每隔 2~3 d 记录供试材料的物候期。观测的物候期包括抽穗期、始花期、盛花期、末花期及完熟期。

2.2.2 繁育系统

2.2.2.1 花粉活力的测定

（1）花粉的采集及干燥保存。供试材料张开稃片吐丝时，选取花序中上部小穗未开裂的花药，用镊子将其第1、第2朵小花的花药置于干净的1.5 mL离心管中，迅速装入有冰块的泡沫盒内，立即拿回实验室测定其开花当天的花粉活力。

将剩下的花药放在铺有干滤纸的培养皿中，25℃下保存。在花后第2 d开始每天上午9:00左右测定活力至花粉活力丧失为止，花粉活力的持续时间为花粉寿命。

（2）碘–碘化钾（I_2–KI）法。取少量花粉置于干净的载玻片上，滴上200 μL I_2–KI溶液，用镊子充分捣碎后盖上盖玻片，在Motic（4×）体视显微镜下观察花粉染色情况，凡是染成蓝色的花粉具有生活力，而呈黄褐色的花粉为缺失生活力，统计盖玻片中央5个不重叠视野的全部花粉中染成蓝色花粉所占的比例，算出其花粉生活力。

花粉生活力（%）= 蓝色花粉数/观察花粉总数×100

（3）氯化三苯四氮唑（2，3，5-triphenyl-tetrazolium chloride，TTC）法。载玻片上加1滴0.5%TTC溶液，将花药捣碎搅匀后置入内有湿滤纸的培养皿中，连同培养皿置于37℃黑暗培养箱内，20~30 min后在Motic（4×）体视显微镜下观察染色情况，染成红色的是有活力的花粉，没有染色的花粉是失去活力的花粉。

2.2.2.2 柱头可授性的检测

（1）自然条件下柱头的可授性。自然条件下柱头的可授性：每天用记号笔标记 10 枚同时开花的小花，并挂牌子，连续标记 15 d 左右，再按开花后不同天数取样并测其柱头的可授性。

（2）去雄套袋柱头的可授性。抽穗期，标记长势相近的整穗，每居群标记 20 枚整穗，开花前一天的上午 8: 00—9: 00 给标记花序去雄套袋。

采用了人工去雄方法，实验步骤如下：

第一步：供试材料小穗含 3~6 小花，每小花含有 3 个雄蕊和 1 个雌蕊。去雄时，整穗上去除发育早和发育晚的顶、基部小穗，留中间的小穗，每小穗留第 1、2 朵小花。

第二步：用解剖针掀开第 1、第 2 朵小花的内稃，然后轻轻把 3 个雄蕊去除，避免接触雌蕊，最后剪下芒，套袋，挂牌。

（3）联苯胺-过氧化氢法测定柱头可授性。将取样获得的柱头置于载玻片上，滴加联苯胺-过氧化氢反应液，10~20 min 后在 Motic（4×）体视显微镜下观察染色情况。具有可授性的柱头周围反应液呈现蓝色，且冒气泡，根据气泡多少判断柱头可授性的相对强弱。

2.2.2.3 自然授粉结实率

盛花期，披碱草属 3 种牧草 18 个居群，选取 10 个单株，每个单株上选取 5 个穗（不套袋）观察自然结实情况。进入蜡熟期后，统计自然结实的结实率。将整穗分为顶、中、基 3 部分，分别测每一花序的小花总数（包括不孕小花）和结实小花数，计算结实率（Seed-Setting Rate, SSR），并及时采收。

$$结实率（\%） = （每一花序结实的小花数 \div$$
$$每一花序的小花总数） \times 100$$

2.2.2.4 套袋授粉结实率

盛花期，选择长势相近的植株，当整穗的 1/3 抽出超过旗叶时用硫酸纸袋对花序进行以下 2 种不同套袋实验：

（1）自花授粉。将同居群单株的随机选取 5 个穗套袋，使其自交。

（2）异花授粉。同一居群内，株高相近的两个植株上各取 5 个穗套袋，使其异交。

以上 2 种处理各选取 10 个单株，并定时晃动纸袋。在蜡熟期对自交、异交的穗进行结实率统计，每居群各统计 10 个穗，把自然授粉的结实率作为对照。

2.2.2.5 花粉量和花粉—胚珠比的估算

（1）血细胞计数板法统计花粉量。每居群随机选一个健壮无病害的单穗进行花粉量统计。取每居群未开裂花药 3 枚于干净的载玻片上，在室温条件下干燥散粉，待花药完全开裂散粉后，加几滴 I_2-KI 溶液，用镊子充分捣碎后移入 1.5 mL 离心管中定容至 1 mL，涡旋振荡器上振荡摇匀成悬浮液。滴取 10 μL 悬浮液滴在 25×16 型血球计数板上，在 Motic BA200（40×）体视显微镜下直接镜检计数，重复 10 次，取平均值，以单个花药的花粉粒数作为该居群的花粉量。

（2）花粉-胚珠比（Pollen-ovule ration，P/O）的估算。供试材料的胚珠数为 1，则花粉量即为 P/O 值。

依据 Cruden 的标准：P/O 在 18.1~39.0 时，属于专性自交；P/O 在 31.9~396.0 时，属于兼性自交；P/O 在 244.7~2 588.0 时，属于兼性异交；P/O 在 2108.0-195525.0 时，属于专性异交。

2.2.2.6 杂交指数（Outcrossing index，OCI）的估算

选取 5 个单株，每株 2 个小穗，按照 Dafni 的标准进行供试材料小花直径、大小和开花行为的测量和繁育系统的评判。

具体方法是：

（1）花朵或花序直径小于 1 mm 记为 0，在 1 和 2 mm 之间记为 1，2 至 6 mm 间记为 2，大于 6 mm 记为 3。

（2）花药与柱头同时成熟或雌蕊先熟记为 0，雄蕊先熟记为 1。

（3）柱头与花药在同一高度记为 0，空间分离记为 1。

三者之和为 OCI 值。

繁育系统的评判标准为：OCI 为 0 时，属闭花受精；OCI 为 1 时，属专性自交；OCI 为 2 时，属于兼性自交；OCI 为 3 时，属于自交亲和，有时需要传粉者；OCI 为 4 时，以异交为主，部分自交亲和，需要传粉者。

2.2.3 老芒麦胚胎发生过程观察

2.2.3.1 石蜡清洁

将用于包埋的 56~58℃熔点的石蜡放入干净的烧杯中加热至冒白烟，除去水分和挥发杂质，稍冷却后用 4 层纱布过滤至另一烧杯中备用。

2.2.3.2 制片步骤

（1）取样。从已固定的材料中选花后不同时期的穗，刨开秤片，取出雌蕊，切下柱头便于固定液渗入。

（2）固定。F. A. A 固定液中固定 24 h。

（3）脱水。完全除去材料中的水分，便于透明剂透入材料。最常用的脱水剂为乙醇。由于 F. A. A 固定液用 50%乙醇配制的，应从 50%乙醇开始脱水：50%乙醇→50%乙醇→70%乙醇→85%乙醇→95%乙醇（挑入少量番红染色，以便包埋时辨认）→100%乙醇。

（4）透明。目的是取代脱水剂，便于包埋剂石蜡浸入；增加材料折光度，便于镜检。目前二甲苯为应用最广的一种透明剂。步骤如下：1/3 无水乙醇 + 2/3 二甲苯→1/2 无水乙醇 + 1/2 二甲苯→ 2/3 无水乙醇 + 1/3 二甲苯→二甲苯。

（5）浸蜡。目的为了逐渐以石蜡代替透明剂；切片时避免因挤压而破坏材料。本实验采用碎蜡法，具体步骤如下：

第一步：将恒温箱温度调至 36℃，另一恒温箱调至 58℃ 左右。

第二步：将盛有材料的指管中的二甲苯倒出约一半，用一条硫酸纸将材料隔开，防止石蜡与材料直接接触，否则会使材料收缩。在硫酸纸的另一面加入 50~52℃ 熔点的碎蜡，放入 36℃ 恒温箱中。

第三步：碎蜡在二甲苯作用下融化，不断加蜡，指管内液体要溢出时倒掉一部分，逐步提高石蜡溶解量，使之达饱和。当指管内的液体处于半溶半凝状态时已达到饱和态。这时打开指管塞，放入 58℃ 左右恒温箱中，使二甲苯充分挥发，至少 5 h 以上。

第四步：待二甲苯充分挥发后，将材料移至盛有 50~52℃ 熔点石蜡的小烧杯（即纯蜡Ⅰ）中放 6 h；再放入含干净石蜡的纯蜡Ⅱ中放置 6 h；最后倒入纯蜡Ⅲ中 6 h 后开始包埋。

（6）包埋。目的使为石蜡所渗透的材料包埋于能与材料完全溶合的溶剂中（即同熔点的石蜡），以备切片。

第一步：褶纸船，用硬而不透水的硬纸，根据研究目的决定纸船的大小和材料排队次序。

第二步：迅速倾倒 56~58℃ 熔点的石蜡于纸船内，倒入石蜡后在隔热的玻璃板上轻轻来回挥动，使其底部形成乳白一层，这时要戴口罩，不能对其吹气。

第三步：用在酒精灯上微热的镊子取材料横放于蜡内，动作要快，但又不伤及材料，做纵切时将材料横放于纸船内。

第四步：冷却，对着纸船吹气使纸船上结蜡被，轻轻将纸船移入冷水中，防尘土落入，1 h 后取出晾干即可贴切片。

（7）切片。

第一步：切片前磨刀。

第二步：用单面刀片把蜡块修成梯形，并固着于切片机附带的金属小盘上。

第三步：将金属小盘装在物夹上，调节刀的角度至 15°，调节切片厚度，一般为 8~12 μm，调节刀片与蜡块的距离、蜡块的位置后开始切片。

（8）贴片。梅氏粘片剂的配制：取新鲜鸡蛋一个，两端各打破一个小孔，在 100 mL 量筒上待蛋清完全流出后加入等体积的甘油和少量水杨酸钠（防腐剂），用力摇荡；上浮泡沫，下沉杂质，用 4 层纱布过滤即可。

第一步：在载玻片上滴少许粘片剂后用小指涂抹均匀，不可涂抹太多，多余的应拭去，滴数滴蒸馏水。

第二步：将含材料的蜡带置于涂有粘片剂的水面上，并在酒精灯上通过 2~3 次，以不烫手为宜。蜡带受热会伸展平正，再用吸水纸吸取多余的水分，晾干即可进行下一步。

（9）染色。采用番红-固绿对染法。整体染色步骤如下：

贴片后的载玻片入 100 mL 二甲苯

↓ （5 min）

100 mL 二甲苯

↓ （1 min）

50 mL 二甲苯+50mL 乙醇

↓ （1 min）

100 mL 95% 乙醇

↓（1 min）

100 mL 70%乙醇

↓（1 min）

100 mL 番红染剂

↓（24 h）

2 mL 浓 HCl 的 100 mL 50%乙醇溶液

↓（5 s）

2 mL 氨水的 100 mL 95%乙醇溶液

↓（1 s）

100 mL 无水乙醇

↓（3 s）

2 mL 固绿染色液

↓（1 s）

50 mL 二甲苯+50 mL 无水乙醇+6 mL 丁香油的混合液

↓（1 s）

50 mL 二甲苯+50 mL 无水乙醇

↓（30 s）

100 mL 二甲苯

↓（30 s）

100 mL 二甲苯

↓（30 s）

封片

（10）封片。

第一步：在桌上放一张白纸，将载玻片由二甲苯中取出后，以清洁布块迅速擦去材料以外的二甲苯，平置纸上，当材料上二甲苯尚未挥发时加 1 滴树胶于材料上。

　　第二步：用右手执镊子夹住盖玻片右侧，将它放在树胶的左边，左手以食指抵住盖玻片的左边，右手将镊子逐渐下降，待盖玻片接触树胶后再慢慢抽出镊子，并注意防止树胶中出现小气泡，这时树胶就均匀布满盖玻片，材料同时被覆盖。晾干后放入切片盒中。

3 结果与分析

3.1 花部综合特征的观察

3.1.1 花序的形态特征

3种披碱草属牧草不同熟性居群的花序形态学特征比较结果详见表4。

由表4可知,老芒麦穗状花序下垂,绿色,早熟、中熟和晚熟居群的花序长度分别为(8.60±0.54)cm、(12.35±0.70)cm和(9.65±0.57)cm,早熟和晚熟居群无显著差异($P>0.05$),但二者极显著短于中熟居群($P<0.01$);花序直径分别为(14.70±0.86)mm、(14.55±0.50)mm及(12.65±0.77)mm,三者间无显著差异($P>0.05$);穗轴边缘均有纤毛,节间长分别为(11.48±0.40)mm、(11.40±0.37)mm和(10.45±0.58)mm,三者间无显著差异($P>0.05$);穗轴节数分别为(13.50±0.40)节、(14.70±0.54)节和(15.40±0.64)节,三者间无显著差异($P>0.05$);每节均含2枚小穗,小穗总数可分别达到(26.10±0.82)枚、(30.60±0.78)枚和(30.00±1.08)枚,三者间无显著差异($P>0.05$)。

表4 3种披碱草属牧草不同熟性居群的花序形态学特征比较

形态特征	老芒麦			麦薲草		披碱草	
	早熟	中熟	晚熟	中熟	晚熟	中熟	晚熟
花序形态	穗状	穗状	穗状	穗状	穗状	穗状	穗状
花序颜色	绿	绿	绿	绿紫色	绿紫色	绿	绿
花序长度	8.60±0.54Bb	12.35±0.70Aa	9.65±0.57Bb	10.00±0.40Bb	12.80±0.48Aa	13.50±0.45Aa	9.00±0.45Bb
花序直径	14.70±0.86Bb	14.55±0.50Bb	12.65±0.77Bbc	9.10±0.69Cd	8.85±0.42Cd	12.20±0.66Bc	19.70±1.30Aa
穗轴节数	13.50±0.40Ce	14.70±0.54BCde	15.40±0.64BCde	9.20±0.36Df	17.00±0.70Bc	20.30±0.67Ab	22.30±0.84Aa
穗轴节间长	11.48±0.40Aa	11.40±0.37Aa	10.45±0.58Aa	8.90±0.81Ab	10.65±0.93Aab	11.85±0.86Aa	10.05±0.79Aab
穗轴边缘毛	1有	1有	1有	1有	1有	1有	1有
穗轴小穗总数	26.10±0.82Cb	30.60±0.78BCb	30.00±1.08Cb	17.90±1.01Cb	31.10±1.33Aa	39.20±0.59ABa	45.60±0.88BCb
穗轴每节小穗	2	2	2	2	2	2	2

注：同一行不同大写字母差异极显著（$P<0.01$），不同小写字母差异显著（$P<0.05$）

麦薲草的穗状花序直立，绿紫色，中熟和晚熟居群的花序长度分别为（10.00±0.40）cm和（12.80±0.48）cm，两者间存在极显著性差异（$P<0.01$）；花序直径分别为（9.10±0.69）mm和（8.85±0.42）mm，二者间无显著差异（$P>0.05$）；穗轴边缘均有毛，节间长分别为（8.90±0.81）mm和（10.65±0.93）mm，二者间无显著差异（$P>0.05$）；穗轴节数分别为（9.20±0.36）节和（17.00±0.70）节，差异极显著性（$P<0.01$）；每节均含2枚小穗，分别共有（17.90±1.01）枚和（31.10±1.33）枚小穗，差异达到极显著性水平（$P<0.01$）。

披碱草穗状花序直立，绿色，中熟和晚熟居群花序长度分别为（13.50±0.45）cm和（9.00±0.45）cm的花序，二者存在极显著性差异（$P<0.01$）；花序直径分别为（12.20±0.66）mm和（19.70±1.30）mm，二者差异极显著性（$P<0.01$）；穗轴边缘均有毛，穗轴节间长分别为（11.85±0.86）mm和（10.05±0.79）mm，无显著性差异（$P>0.05$）；穗轴节数分别为（20.30±0.67）节和（22.30±0.84）节，存在显著性差异（$P<0.05$）；每节均含2枚小穗，小穗总数分别为（39.20±0.59）枚和（45.60±0.88）枚，差异具有显著性（$P<0.05$）。

3.1.2 小穗内部结构特征

3种披碱草属牧草不同熟性居群间整体小穗内部结构特征方差分析结果见表5。

本文就同一种不同熟性居群小穗内部结构特征进行分析，由表5得知，老芒麦早熟、中熟和晚熟居群的小穗长度分别为（2.52±0.05）cm、（2.45±0.06）cm和（2.54±0.10）cm，无显著性差异（$P>0.05$）；小穗直径分别为（3.90±0.25）mm、（5.25±0.31）mm和（5.15±0.30）mm，早熟居群的极显著低于中熟的（$P<0.01$），显著低于晚熟的（$P<0.05$），

表 5 不同熟性居群的小穗内部结构特征间的方差分析

参数	老芒麦			麦薲草		披碱草	
	早熟	中熟	晚熟	中熟	晚熟	中熟	晚熟
小穗长度	2.52±0.05Aa	2.45±0.06Aa	2.54±0.10Aa	1.75±0.08BCcd	1.56±0.08Cd	1.95±0.12Bbc	2.05±0.09Bb
小穗直径	3.90±0.25Bc	5.25±0.31Aa	5.15±0.30ABab	4.85±0.30ABabc	4.20±0.26ABab	4.50±0.28ABab	5.40±0.48Aa
小穗含小花数	3.40±0.16Bb	3.90±0.23ABab	3.90±0.10ABab	3.70±0.15ABab	4.00±0.00ABa	3.70±0.15ABab	4.10±0.23Aa
第一颖长度	5.05±0.12Dd	5.47±0.12Dd	5.22±0.06Dd	6.34±0.24Cc	8.21±0.29Bb	8.74±0.29ABb	9.39±0.25Aa
第一颖直径	0.84±0.04BCDcd	0.80±0.04CDd	0.74±0.04Dd	0.97±0.05ABCbc	1.01±0.03Aab	1.13±0.08Aa	1.12±0.05Aa
第一颖脉数	3.00±0.00	3.10±0.10	3.00±0.00	3.00±0.00	3.00±0.00	3.00±0.00	3.00±0.00
第一颖芒长	2.31±0.11CDbc	1.85±0.21DEcd	3.50±0.18ABa	0.90±0.09Fe	1.40±0.13EFde	3.71±0.21Aa	2.82±0.33BCb
第二颖长度	5.70±0.19Dd	6.14±0.07CDcd	5.79±0.11Dd	6.55±0.16Cc	8.70±0.14Bb	8.76±0.29Bb	9.95±0.26Aa
第二颖直径	0.89±0.05Bbc	0.91±0.03Bbc	0.82±0.04Bc	1.00±0.04Bb	1.26±0.06Aa	1.34±0.09Aa	1.35±0.06Aa
第二颖脉数	3.80±0.33Aa	3.70±0.15Aa	3.00±0.00Bb	3.00±0.00Bb	3.00±0.00Bb	3.10±0.10Bb	3.90±0.10Aa
第二颖芒长	3.02±0.17Cc	3.10±0.18Cc	4.79±0.29Aa	1.01±0.08Ee	2.29±0.16Dd	4.03±0.11Bb	3.38±0.24BCc
外稃长度	10.65±0.27Aa	10.49±0.28Aa	8.92±0.55Bb	7.06±0.15Cd	8.14±0.26BCbc	7.38±0.24Ccd	8.78±0.30Bb
外稃直径	2.01±0.05Aa	1.94±0.07Aa	1.54±0.11BCbc	1.41±0.10Cc	1.68±0.09ABCbc	1.51±0.10BCbc	1.77±0.07ABab
外稃脉数	5.00±0.00	5.00±0.00	5.00±0.00	5.00±0.00	5.00±0.00	5.00±0.00	5.00±0.00
外稃芒长	10.88±0.44BCb	13.12±0.54ABa	13.69±0.98Aa	5.03±0.30Dc	6.43±0.47Dc	9.63±0.70Cd	15.03±0.88Aa
内稃长度	9.45±0.27ABab	10.05±0.25Aa	8.82±0.36BCbc	6.93±0.13De	7.99±0.37CDd	7.18±0.24De	8.29±0.25Ccd
内稃直径	1.28±0.07Aa	1.26±0.05Aa	1.14±0.06Aa	1.09±0.04Aa	1.29±0.10Aa	1.17±0.06Aa	1.14±0.07Aa
种子长度	5.99±0.18ABab	6.16±0.10Aab	5.81±0.09ABCbc	5.85±0.07ABCbc	5.35±0.25Cd	5.54±0.14BCcd	6.34±0.10Aa
种子直径	1.39±0.05Aab	1.45±0.06Aa	1.28±0.05ABab	1.30±0.06ABab	1.14±0.07Bc	1.22±0.05ABbc	1.38±0.07ABab

注：同一行不同大写字母差异极显著性（$P<0.01$），不同小写字母差异显著性（$P<0.05$）

中熟居群显著高于晚熟居群（*P* < 0.05）；每小穗分别含（3.40±0.16）枚、（3.90±0.23）枚和（3.90±0.10）枚小花，无显著性差异（*P* > 0.05）；小花两性，含雌蕊 1 枚、雄蕊 3 枚，羽状二裂的柱头。颖 2 枚，第一颖长分别为（5.05±0.12）mm、（5.47±0.12）mm 和（5.22±0.06）mm，无显著性差异（*P* > 0.05）；第一颖直径分别为（0.84±0.04）mm、（0.80±0.04）mm 和（0.74±0.04）mm，无显著性差异（*P* > 0.05）；脉粗糙明显，分别为（3.00±0.00）条、（3.10±0.10）条和（3.00±0.00）条，无显著性差异（*P* > 0.05）；先端芒长分别为（2.31±0.11）mm、（1.85±0.21）mm 和（3.5±0.18）mm，晚熟居群极显著长于早熟和中熟居群（*P* < 0.01）；第二颖长分别为（5.70±0.19）mm、（6.14±0.07）mm 和（5.79±0.11）mm，无显著性差异（*P* > 0.05）；第二颖直径分别为（0.89±0.05）mm、（0.91±0.03）mm 和（0.82±0.04）mm，无显著性差异（*P* > 0.05）；第二颖脉数分别为（3.80±0.33）条、（3.70±0.15）条和（3.00±0.00）条脉数，早熟居群和中熟居群间无显著性差异（*P* > 0.05），两者均极显著多于晚熟居群（*P* < 0.01）；第二颖芒长分别为（3.02±0.17）mm、（3.10±0.18）mm 和（4.79±0.29）mm，早熟和中熟熟居群间无显著性差异（*P* > 0.05），两者均极显著低于晚熟居群（*P* < 0.01）；外稃长分别为（10.65±0.27）mm、（10.49±0.28）mm 和（8.92±0.55）mm，早熟居群极显著长于晚熟居群（*P* < 0.01），与中熟居群无显著性差异（*P* > 0.05），中熟居群显著高于晚熟居群（*P* < 0.05）；外稃直径分别为（2.01±0.05）mm、（1.94±0.07）mm 和（1.54±0.11）mm，早熟居群和中熟居群间无显著性差异（*P* > 0.05），两者均极显著长于晚熟居群（*P* < 0.01）；外稃脉数均为（5.00±0.00）条，外稃芒长分别为（10.88±0.44）mm、（13.12±0.54）mm 和（13.69±0.98）mm，早熟居群极显著短于中熟和晚熟居群（*P* < 0.01），中熟和晚熟居群间无显著性差异（*P* > 0.05）；内稃长分别为

（9.45±0.27）mm、（10.05±0.25）mm 和（8.82±0.36）mm，早熟和中熟居群间无显著性差异（P>0.05），早熟居群显著长于晚熟居群（P<0.05），中熟居群极显著长于晚熟居群（P<0.01）；内稃与外稃几乎等长，内稃直径分别为（1.28±0.07）mm、（1.26±0.05）mm 和（1.14±0.06）mm，三者无显著性差异（P>0.05）；种子长度分别为（5.99±0.18）mm、（6.16±0.10）mm 和（5.81±0.09）mm，三者无显著性差异（P>0.05）；种子直径分别为（1.39±0.05）mm、（1.45±0.06）mm 和（1.28±0.05）mm，三者无显著性差异（P>0.05）。

麦薲草中熟和晚熟居群的小穗长分别为（1.75±0.08）mm 和（1.56±0.08）mm，无显著性差异（P>0.05）；小穗直径分别为（4.85±0.30）mm 和（4.20±0.26）mm，无显著性差异（P>0.05）；小穗含小花数分别为（3.70±0.15）枚和（4.00±0.00）枚，无显著性差异（P>0.05）；小花两性，每小花有 1 枚雌蕊、3 枚雄蕊，羽状二裂的柱头。颖 2 枚，第一颖长分别为（6.34±0.24）mm 和（8.21±0.29）mm，存在极显著性差异（P<0.01），第一颖直径分别为（0.97±0.05）mm 和（1.01±0.03）mm，无显著性差异（P>0.05）；第一颖脉数均为（3.00±0.00）条，第一颖芒长分别为（0.90±0.09）mm 和（1.40±0.13）mm，无显著性差异（P>0.05）；第二颖长分别为（6.55±0.16）mm 和（8.70±0.14）mm，两者之间差异极显著性（P<0.01），第二颖脉均为（3.00±0.00）条，第二颖芒长分别为（1.01±0.08）mm 和（2.29±0.16）mm，差异极显著性（P<0.01）。有 1 对稃片，外稃长分别为（7.06±0.15）mm 和（8.14±0.26）mm，差异显著性（P<0.05），外稃直径分别为（1.41±0.10）mm 和（1.68±0.09）mm，差异显著性（P<0.05），外稃脉均为（5.00±0.00）条，外稃芒长分别为（5.03±0.30）mm 和（6.43±0.47）mm，有显著性差异（P<0.05）；内稃长分别为（6.93±0.13）mm 和（7.99±0.37）mm，差异显著（P<0.05）；内稃直径分别为（1.09±0.04）mm 和（1.29±0.10）mm，无显著性差异（P>

0.05）；种子长度分别为（5.85±0.07）mm 和（5.35±0.25）mm，直径分别为（1.30±0.06）mm 和（1.14±0.07）mm，均无显著性差异（$P > 0.05$）。

披碱草中熟和晚熟居群的小穗长分别为（1.95±0.12）mm 和（2.05±0.09）mm，无显著性差异（$P > 0.05$）；小穗直径分别为（4.50±0.28）mm 和（5.40±0.48）mm，无显著性差异（$P > 0.05$）；每小穗分别含（3.70±0.15）枚和（4.10±0.23）枚小花，无显著性差异（$P > 0.05$）；颖 2 枚，第一颖长分别为（8.74±0.29）mm 和（9.39±0.25）mm，有显著性差异（$P < 0.05$）；第一颖直径分别为（1.13±0.08）mm 和（1.12±0.05）mm，无显著性差异（$P > 0.05$）；第一颖脉数均为（3.00±0.00）条，第一颖芒长分别为（3.71±0.21）mm 和（2.82±0.33）mm，存在极显著差异（$P < 0.01$）；第二颖长分别为（8.76±0.29）mm 和（9.95±0.26）mm，两者差异极显著性（$P < 0.01$）；第二颖直径分别（1.34±0.09）mm 和（1.35±0.06）mm，无显著性差异（$P > 0.05$）；第二颖脉数分别为（3.10±0.10）条和（3.90±0.10）条，差异极显著性（$P < 0.01$）；第二颖芒长分别为（4.03±0.11）mm 和（3.38±0.24）mm，差异显著性（$P < 0.05$）；外稃长度分别为（7.38±0.24）mm 和（8.78±0.30）mm，存在极显著性差异（$P < 0.01$）；外稃直径分别为（1.51±0.10）mm 和（1.77±0.07）mm，无显著性差异（$P > 0.05$）；外稃脉数均为（5.00±0.00）条，外稃芒长分别为（9.63±0.70）mm 和（15.03±0.88）mm，具有极显著性差异（$P < 0.01$）；内稃长度（7.18±0.24）mm 和（8.29±0.25）mm，差异极显著性（$P < 0.01$）；内稃直径分别为（1.17±0.06）mm 和（1.14±0.07）mm，无显著性差异（$P > 0.05$）；种子长度分别为（5.54±0.14）mm 和（6.34±0.10）mm，二者存在极显著性差异（$P < 0.01$）；种子直径分别为（1.22±0.05）mm 和（1.38±0.07）mm，无显著性差异（$P > 0.05$）。

3.1.2.1　老芒麦花部特征参数间的相关分析

　　老芒麦早熟居群的花部特征参数间进行相关分析结果见表6。由表6可知，穗轴节间长与小穗长度间有极显著性的正相关关系（$P<0.01$），而与第一颖长度具有显著性负相关关系（$P<0.05$）；小穗长度与含小花数间有显著性负相关关系（$P<0.05$）；第一颖芒长与种子长度有显著正相关关系（$P<0.05$）。

表6　老芒麦早熟居群的花部特征参数间的相关分析

参数	穗轴节间长	小穗长度	含小花数	第一颖长度	第一颖芒长	种子长度
穗轴节间长	1					
小穗长度	0.821**	1				
含小花数	-0.240	-0.612*	1			
第一颖长度	-0.567*	-0.635	0.449	1		
第一颖芒长	0.085	0.254	-0.351	-0.258	1	
种子长度	0.156	0.190	-0.177	0.137	0.592*	1

注：** 表示在 0.01 水平上差异极显著性；* 表示在 0.05 水平上差异显著性

　　老芒麦中熟居群花部特征参数间的相关分析结果见表7。由表7可以看出，花序直径与第一颖芒长有极显著性正相关关系（$P<0.01$），与第二颖直径有显著性正相关关系（$P<0.05$），与外稃芒长有显著性正相关关系（$P<0.05$）；小穗长度与外稃直径有显著性正相关关系（$P<0.05$），与外稃芒长有显著性正相关关系（$P<0.05$）；第一颖芒长与外稃芒长有极显著性正相关关系（$P<0.01$）；外稃直径与外稃芒长有极显著性正相关关系（$P<0.01$）。

表7　老芒麦中熟居群的花部特征参数间的相关分析

参数	花序直径	小穗长度	第一颖芒长	第二颖直径	外稃直径	外稃芒长
花序直径	1					
小穗长度	0.490	1				

（续表）

参数	花序直径	小穗长度	第一颖芒长	第二颖直径	外稃直径	外稃芒长
第一颖芒长	0.725**	0.349	1			
第二颖直径	0.575*	0.411	0.220	1		
外稃直径	0.284	0.643*	0.525	−0.215	1	
外稃芒长	0.692*	0.666*	0.770**	−0.239	0.825**	1

注：** 表示在 0.01 水平上差异极显著性；* 表示在 0.05 水平上差异显著性

老芒麦晚熟居群的花部特征参数间进行相关分析的结果见表 8。结果表明，花序长度与第一颖芒长有极显著性正相关关系（$P<0.01$），与种子直径有显著性负相关关系（$P<0.05$）；第一颖芒长与种子直径有显著性负相关关系（$P<0.05$）；外稃长度与内稃长度有极显著性正相关关系（$P<0.01$），与种子长度有极显著性正相关关系（$P<0.01$）；内稃长度与种子长度有极显著性正相关关系（$P<0.01$）。

表 8　老芒麦晚熟居群的花部特征参数间的相关分析

参数	花序长度	第一颖芒长	外稃长度	内稃长度	种子长度	种子直径
花序长度	1					
第一颖芒长	0.764**	1				
外稃长度	−0.028	0.210	1			
内稃长度	0.001	0.209	0.953**	1		
种子长度	0.062	0.429	0.862**	0.842**	1	
种子直径	−0.671*	−0.601*	0.380	0.503	0.469	1

注：** 表示在 0.01 水平上差异极显著性；* 表示在 0.05 水平上差异显著性

3.1.2.2　麦薲草花部特征参数间的相关分析

麦薲草中熟居群的花部特征参数间的相关分析结果见表 9。由表 9 可知，第一颖长度与第二颖直径有显著性正相关关系（$P<0.05$），而与外稃长度、外稃芒长和种子长度间呈极显著性正相关（$P<0.01$）；第二颖

直径与外稃直径和外稃芒长有显著性正相关关系（$P<0.05$），而与外稃长度及种子长度间呈极显著性关系（$P<0.01$）；外稃长度与外稃直径和外稃芒长有显著性正相关关系（$P<0.05$），与种子长度有极显著性正相关关系（$P<0.01$）；外稃芒长与种子长度有显著性正相关关系（$P<0.05$）。

表 9　麦薲草中熟居群的花部特征参数间的相关分析

参数	第一颖长度	第二颖直径	外稃长度	外稃直径	外稃芒长	种子长度
第一颖长度	1					
第二颖直径	0.716*	1				
外稃长度	0.854**	0.932**	1			
外稃直径	0.477	0.751*	0.709*	1		
外稃芒长	0.791**	0.706*	0.726*	0.582	1	
种子长度	0.774**	0.933**	0.849**	0.620	0.683*	1

注：** 表示在 0.01 水平上差异极显著性；* 表示在 0.05 水平上差异显著性

麦薲草晚熟居群的花部特征参数间的相关分析结果见表 10。由表 10 可知，穗轴节间长与外稃长度和内稃长度有显著性负相关关系（$P<0.05$）；第一颖长度与第二颖直径和外稃长度间呈显著性正相关关系（$P<0.05$），而与外稃直径和内稃长度有极显著性正相关关系（$P<0.01$）；外稃长度与外稃直径呈极显著性正相关（$P<0.01$），与内稃长度显著性正相关关系（$P<0.05$）；外稃直径与内稃长度有显著性正相关关系（$P<0.05$）。

表 10　麦薲草晚熟居群的花部特征参数间的相关分析

参数	穗轴节间长	第一颖长度	第二颖直径	外稃长度	外稃直径	内稃长度
穗轴节间长	1					
第一颖长度	−0.495	1				
第二颖直径	0.410	0.745*	1			

参数	穗轴节间长	第一颖长度	第二颖直径	外稃长度	外稃直径	内稃长度
外稃长度	−0.647*	0.683*	−0.024	1		
外稃直径	−0.510	0.782**	0.142	0.810**	1	
内稃长度	−0.687*	0.800**	−0.057	0.749*	0.685*	1

注：** 表示在 0.01 水平上差异极显著性；* 表示在 0.05 水平上差异显著性

3.1.2.3　披碱草花部特征参数间的相关分析

披碱草中熟居群的花部特征参数间的相关分析结果见表 11。由表 11 可知，外稃长度与外稃芒长和内稃长度间呈极显著性正相关关系（$P<0.01$）；外稃直径与内稃长度和内稃直径间存在显著性正相关关系（$P<0.05$），而与种子长度有极显著性正相关关系（$P<0.01$）；外稃芒长与内稃长度有极显著性正相关关系（$P<0.01$）；内稃直径与种子长度有显著性正相关关系（$P<0.05$）。

表 11　披碱草中熟居群的花部特征参数间的相关分析

参数	外稃长度	外稃直径	外稃芒长	内稃长度	内稃直径	种子长度
外稃长度	1					
外稃直径	0.613	1				
外稃芒长	0.827**	0.593	1			
内稃长度	0.946**	0.657*	0.768**	1		
内稃直径	0.559	0.673*	0.249	0.550	1	
种子长度	0.540	0.851**	0.474	0.478	0.649*	1

注：** 表示在 0.01 水平上差异极显著性；* 表示在 0.05 水平上差异显著性

披碱草晚熟居群的花部特征参数间的相关分析结果见表 12。由表 12 可知，第一颖芒长与内稃长度有显著性正相关关系（$P<0.05$）；第二颖长度与外稃长度、外稃芒长、内稃长度和种子长度有显著性正相关关系

（$P<0.05$）；外稃长度与内稃长度间呈极显著性正相关关系（$P<0.01$），与种子长度间呈显著性正相关关系（$P<0.05$）；外稃芒长与种子长度有极显著性正相关关系（$P<0.01$）；内稃长度与种子长度有显著性正相关关系（$P<0.05$）。

表 12   披碱草晚熟居群的花部特征参数间的相关分析

参数	第一颖芒长	第二颖长度	外稃长度	外稃芒长	内稃长度	种子长度
第一颖芒长	1					
第二颖长度	0.198	1				
外稃长度	0.502	0.755*	1			
外稃芒长	0.242	0.673*	0.610	1		
内稃长度	0.654*	0.640*	0.910**	0.483	1	
种子长度	0.606	0.638*	0.736*	0.811**	0.675*	1

注：** 表示在 0.01 水平上差异极显著性；* 表示在 0.05 水平上差异显著性

3.1.2.4   开放授粉结实率与花部综合特征间的关系

不同熟性老芒麦、麦薲草和披碱草在自然条件下开放授粉的结实率见图 1。在各早熟居群中老芒麦的结实率最低，为 14.00%；在各中熟居群中披碱草的结实率最高，为 34.00%，极显著性高于其他两种牧草的结实率，而麦薲草及老芒麦的结实率间没有显著性差异（$P>0.05$）；而在各晚熟群中披碱草的结实率最高，为 52.00%，其次是麦薲草的，两者之间差异不存在显著性（$P>0.05$），但与老芒麦的结实率具有极显著性差异（$P<0.01$）。

3 种牧草中，披碱草的结实率较高，能达到 50% 左右；麦薲草次之，但老芒麦的结实率普遍低，在 10%~20%，这与其落粒性有关。禾本科牧草的种子成熟后脱离母体散落在地面的现象称为落粒性。禾本科牧草种子成熟后，小穗轴基部与花序断裂，使种子包被在颖片内。随着花序含

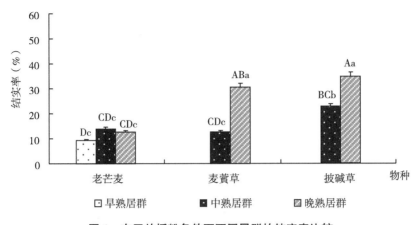

图1 在开放授粉条件下不同居群的结实率比较

注：不同大写字母表示差异极显著（$P<0.01$），不同小写字母表示差异显著（$P<0.05$）

水量的降低，展开颖片从而种子散落在地面。王立群等的研究发现，老芒麦的落粒性强，种子含水量为40%时落粒性达到25%~30%。

不同熟性居群开放授粉结实率与花部综合特征间的相关分析结果见表13。结果表明，老芒麦早熟居群的开放授粉结实率与穗轴节间长和小穗长度有显著性负相关关系（$P<0.05$）；老芒麦中熟居群的开放授粉结实率与小穗长度、外稃直径和外稃芒长存在极显著性正相关关系（$P<0.01$）；老芒麦晚熟居群的开放授粉结实率与第一颖芒长有极显著性负相关关系（$P<0.01$）。麦薲草中熟居群的开放授粉结实率与穗轴含小花数有显著性负相关关系（$P<0.05$），而与外稃芒长有显著性正相关关系（$P<0.05$）；麦薲草晚熟居群的开放授粉结实率与穗轴节间长有显著性负相关关系（$P<0.05$），与第一颖长度、外稃长度、外稃直径和内稃直径有极显著性正相关关系（$P<0.01$），而与内稃长度有显著性正相关关系（$P<0.05$）。披碱草中熟居群的开放授粉结实率与穗轴节间长有极显著性正相关关系（$P<0.01$）；披碱草晚熟居群的开放授粉结实率与第一颖芒长有极显著性负相关关系（$P<0.01$）。

表 13 不同熟性居群开放授粉结实率与花部特征间的相关分析

品种	熟性	穗轴节间长	小穗长度	含小花数	第一颖长度	第一颖芒长	外稃长度	外稃直径	外稃芒长	内稃长度	内稃直径
老芒麦	早熟	-0.909 *	-0.978 *	0.800	0.592	-0.663	-0.585	0.287	0.368	-0.283	0.438
	中熟	0.096	0.884 **	-0.157	0.278	-0.173	-0.188	0.777 **	0.814 **	-0.222	0.250
	晚熟	0.612	0.036	-0.248	0.197	-0.797 **	-0.061	0.036	-0.031	-0.075	-0.309
麦薲草	中熟	-0.013	-0.151	-0.665 *	0.402	0.123	0.371	0.203	0.687 *	0.289	0.001
	晚熟	-0.653 *	0.135	0.215	0.809 **	0.308	0.841 **	0.789 **	0.337	0.739 *	0.765 **
披碱草	中熟	0.789 **	0.432	0.118	0.221	0.127	-0.148	-0.336	0.021	-0.312	-0.245
	晚熟	0.504	-0.022	0.251	0.220	-0.778 **	-0.285	-0.430	-0.142	-0.334	0.194

注：** 表示在 0.01 水平上差异极显著性；* 表示在 0.05 水平上差异显著性

进一步对开放授粉结实率与具有相关关系的花部特征参数间进行非线性回归分析，根据决定系数 R^2 和 F 值，找出最佳关系模型，结果见表 14。从表 14 可知，老芒麦早熟居群的开放授粉结实率与穗轴节间长和小穗长度呈线性模型；老芒麦中熟居群的开放授粉结实率与小穗长度和外稃直径呈线性模型，与外稃芒长呈复合模型；老芒麦晚熟居群的开放授粉结实率与第一颖长度呈线性模型。麦薲草中熟居群的开放授粉结实率与穗轴含小花数和外稃芒长呈线性模型；麦薲草晚熟居群的开放授粉结实率与穗轴节间长呈二次多项性模型，与第一颖长度呈线性模型，与外稃长度呈三次多项性模型，与外稃直径呈幂指数模型。披碱草中熟居群的开放授粉结实率与穗轴节间长呈线性模型；披碱草晚熟居群的开放授粉结实率与第一颖芒长呈线性模型。

表 14 不同熟性居群开放授粉结实率与花部特征的关系模型

种质名称	熟性	花部特征	关系模型	R^2	F 值	sigf.
老芒麦	早熟	穗轴节间长	$Y = 0.690 - 0.049\,x$	0.827 *	14.293	0.032
		小穗长度	$Y = 1.172 - 0.410\,x$	0.956 **	64.680	0.004
	中熟	小穗长度	$Y = -0.758 + 0.397\,x$	0.781 **	28.580	0.001
		外稃直径	$Y = -0.389 + 0.311\,x$	0.604 **	12.215	0.008
		外稃芒长	$Y = 0.018 \times 1.200^x$	0.736 **	22.260	0.002
	晚熟	第一颖芒长	$Y = 0.882 - 0.193\,x$	0.635 **	13.931	0.006

（续表）

种质名称	熟性	花部特征	关系模型	R^2	F 值	sigf.
麦薲草	中熟	含小花数	$Y = 0.503 - 0.084\ x$	$0.443\ ^*$	6.358	0.036
		外稃芒长	$Y = -0.035 + 0.045\ x$	$0.472\ ^*$	7.162	0.028
		穗轴节间长	$Y = -0.357 + 0.187\ x - 0.100\ x^2$	$0.702\ ^*$	8.239	0.014
	晚熟	第一颖长度	$Y = -0.744 + 0.146\ x$	$0.654\ ^{**}$	15.115	0.005
		外稃长度	$Y = -6.171 + 1.165\ x - 0.005 x^3$	$0.910\ ^{**}$	35.279	0.000
		外稃直径	$Y = 0.146\ x^{2.101}$	$0.707\ ^{**}$	19.326	0.002
披碱草	中熟	穗轴节间长	$Y = 0.005 + 0.028 x$	$0.623\ ^{**}$	13.220	0.007
	晚熟	第一颖芒长	$Y = 0.834 - 0.114\ x$	$0.606\ ^{**}$	12.299	0.008

注：** 表示在 0.01 水平上差异极显著性；* 表示在 0.05 水平上差异显著性

开放授粉结实率与花部特征参数间的逐步回归分析结果见表 15。逐步回归分析可剔除对开放授粉结实率没有显著性影响的参数，从而选出对其有显著性影响的花部特征参数和最佳回归方程。结果表明，3 种牧草不同熟性居群的花部特征对开放授粉结实率的影响程度不同。老芒麦早熟和中熟居群的小穗长度与开放授粉结实率有极显著性相关关系（$P<0.01$），早熟居群呈极显著负相关，而中熟居群呈极显著正相关关系；而晚熟居群与第一颖长度有极显著性负相关关系（$P<0.01$）；麦薲草中熟居群与外稃芒长有显著性正相关关系（$P<0.05$），晚熟居群则与第一颖长度有极显著性正相关关系（$P<0.01$）；披碱草的中熟和晚熟居群分别与穗轴节间长和第一颖芒长有极显著性正相关关系（$P<0.01$）。此结果初步分析了花部特征参数与结实率的相关性，需要进一步证明。

表 15　不同熟性居群开放授粉结实率与花部特征的逐步回归分析

品种	熟性	花部特征	关系模型	R^2	F 值	sigf.
老芒麦	早熟	小穗长度	$Y = 1.172 - 0.410\ x$	$0.956\ ^{**}$	64.680	0.004
	中熟	小穗长度	$Y = -0.758 + 0.397\ x$	$0.781\ ^{**}$	28.580	0.001
	晚熟	第一颖长度	$Y = 0.882 - 0.193\ x$	$0.635\ ^{**}$	13.931	0.006

（续表）

品种	熟性	花部特征	关系模型	R^2	F 值	sigf.
麦薲草	中熟	外稃芒长	$Y = -0.035 + 0.045\,x$	0.472*	7.162	0.028
	晚熟	外稃长度	$Y = -0.894 + 0.166\,x$	0.708**	19.374	0.002
披碱草	中熟	穗轴节间长	$Y = 0.005 + 0.028x$	0.623**	13.220	0.007
	晚熟	第一颖芒长	$Y = 0.834 - 0.114\,x$	0.606**	12.299	0.008

注：** 表示在 0.01 水平上差异极显著性；* 表示在 0.05 水平上差异显著性

3.1.3 开花习性的调查

披碱草属 3 种牧草开花特性分析结果见表 16。从表 16 可看出，不同熟性居群的开花时间不一致。老芒麦早熟和中熟居群开花时间较长，1 h 左右，花药颜色为黄色，而老芒麦晚熟居群的开花时间为 15：20—15：50，30 min 左右。这与环境温度有关，15：20—15：50 间温度高，小花的开放数量多，且从内外稃开始松动到散粉完毕和内外稃张角最大仅需 30 min，30 min 后内外稃张角开始减小，15：50 以后小花的开放数量逐渐减少。

表 16　披碱草属 3 种牧草的开花特性

品种	熟性	开花时间	花药颜色	开花习性
老芒麦	早熟	13：00—14：00	黄色	
	中熟	13：20—14：20	黄色	披碱草属 3 种植物的开花顺序为对于整穗，穗中部和顶部的花先开，然后分别向上、下扩展，基部花最后开放。对于某一个小穗来说，基部小花（即第一、第二朵小花）最先开，然后逐渐向上扩展，顶部小花最后开放。
	晚熟	15：20—15：50	黄色	
麦薲草	中熟	11：20—11：30	紫色	
	晚熟	15：20—15：30	紫色	
披碱草	中熟	11：00—11：10	紫色	
	晚熟	15：25—15：40	稍有紫色	

麦薲草和披碱草的中熟居群 11：00—11：30 间开花，11：30 之后内外稃张角开始减小，至 14：00 时则完全闭合；它们晚熟居群的开花时间在 15：20—15：40，由于温度高，仅在 10min 内花药开裂使花粉粒散出。

3 种披碱草属牧草的开花习性为穗中部和顶部的花先开，然后逐步向上、下扩展，基部花最后开放。对于某一个小穗来说，基部小花（即第1、2 朵小花）最先开，然后逐渐向上扩展，顶部小花最后开放。

3.1.4 物候特性的观察

分别于 2010 年和 2012 年对不同熟性的老芒麦、麦薲草及披碱草进行物候特性的观察，结果如表 17 所示。

表 17　披碱草属 3 种牧草不同熟性居群的物候期统计

品种	熟性	年份	抽穗期	初花期	盛花期	末花期	成熟期
老芒麦	早熟	2010	2010-6-14	2010-6-18	2010-6-19	2010-6-25	2010-7-12
		2012	2012-6-13	2012-6-16	2012-6-18	2012-7-2	2012-7-20
	中熟	2010	2010-6-18	2010-6-23	2010-6-25	2010-7-6	2010-7-30
		2012	2012-6-21	2012-6-30	2012-7-4	2012-7-14	2012-8-4
	晚熟	2010	2010-6-23	2010-7-3	2010-7-7	2010-7-30	2010-8-25
		2012	2012-7-6	2012-7-14	2012-7-19	2012-8-11	2012-9-8
麦宾草	中熟	2010	2010-6-10	2010-6-20	2010-6-23	2010-7-3	2010-7-25
		2012	2012-6-8	2012-6-10	2012-6-12	2012-7-1	2012-8-2
	晚熟	2010	2010-6-23	2010-6-30	2010-7-1	2010-7-20	2010-8-18
		2012	2012-6-21	2012-7-3	2012-7-5	2012-7-27	2012-8-27
披碱草	中熟	2010	2010-6-11	2010-6-18	2010-6-23	2010-7-12	2010-8-2
		2012	2012-6-17	2012-6-25	2012-6-29	2012-7-16	2012-8-5
	晚熟	2010	2010-7-10	2010-7-30	2010-8-4	2010-8-15	2010-8-26
		2012	2012-8-6	2012-8-12	2012-8-13	2012-8-22	2012-9-8

从表 17 可看出，与 2010 年相比，2012 年的物候期有所延迟。这可能与实验材料的可利用年限有关。披碱草属牧草具 4~5 年的可利用年限，

其中第二和第三年的产量最高，之后产量有所下降。而本研究的实验材料为种植 4 年（2012 年）的植株，并植株上的花序比种植第二年（2010 年）的较少，但其生长势强，叶色深绿，植株健壮，具有典型的代表性。同时，两个年度披碱草属 3 种牧草开花物候的差异应该与这两年环境条件的差异有关，环境因素包括气候、土壤、地形及植物群落等，其中气候的影响最大，周围空气的温度是植物基本的热量来源，太阳辐射和气温的任何变化都会引起植物发育的变化。虽然同一居群不同年份的物候在日期上有所偏差，但保持相近的开花进程。

老芒麦早熟居群在抽穗后的 3~4 d 便进入开花期，而其他居群七至十几天不同，因此，统计物候期时格外注意老芒麦早熟居群的状态。老芒麦早熟和中熟居群的花期为 6 月中旬至 7 月上旬，而晚熟居群的花期在 7 月中旬至 7 月下旬；麦薲草中熟居群的花期为 6 月中旬至 7 月上旬，麦薲草晚熟居群花期为 7 月上旬至 7 月下旬；披碱草中熟居群的花期为 6 月下旬至 7 月中旬，而晚熟居群的花期为 8 月中旬至 8 月下旬。

3.2　繁育系统

3.2.1　花粉活力的测定

3.2.1.1　老芒麦不同熟性居群的花粉活力变化

（1）老芒麦不同熟性居群的不同花期花粉活力之间的比较。用 I_2–KI

法和TTC法测定老芒麦不同熟性居群在始花期、盛花期和末花期的花粉活力变化趋势，结果基本一致，详见图2。

老芒麦早熟居群的始花期开花当天的花粉活力分别为20.00%和31.00%，花后1 d均下降至17.00%，之后迅速降低，花后3 d便失去活力。盛花期的花粉活力变化明显，用两种方法测定其花粉活力后发现变化趋势基本一致，开花当天的花粉活力分别为40.50%±5.37%和38.50%±2.03%，并随着室温干燥保存时间的延长缓慢下降，至花后9 d时均丧失活性。末花期开花当天的花粉活力分别为9.00%和4.00%，花后1 d便失去活力。同时，从图2可看出，不同花期的花粉寿命不同，始花期花粉粒的寿命为2 d，末花期的为1 d，而盛花期的花粉寿命为7~8 d。

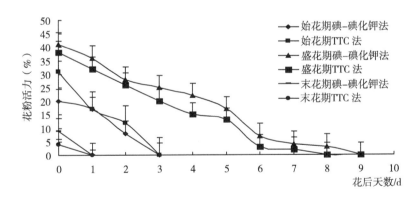

图2　老芒麦早熟居群不同花期的花粉活力比较

老芒麦中熟居群不同开花期的花粉活力变化如图3所示，始花期开花当天的花粉活力较早熟居群高，花粉寿命为3 d；末花期的花粉活力很低，花后1 d便失去活性，花粉寿命为1 d；盛花期的花粉活力较高，且持续时间较长，花粉寿命为8~9 d。

由老芒麦晚熟居群不同花期的花粉活力及花粉寿命（图4）得知，

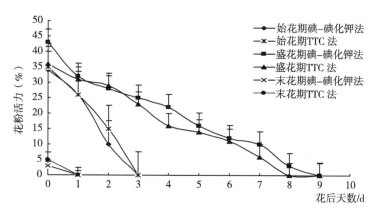

图 3　老芒麦中熟居群不同花期的花粉活力比较

盛花期的花粉活力较高，寿命为 8 d；其次是始花期开花当天的活力，花粉寿命为 4 d；而末花期花粉寿命为 3 d。

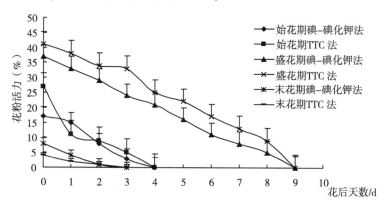

图 4　老芒麦晚熟居群不同花期的花粉活力比较

（2）老芒麦不同熟性居群的盛花期花粉活力方差分析。用 I_2–KI 法及 TTC 法两种方法测定老芒麦不同熟性居群盛花期花粉活力，结果见表 18。不同熟性老芒麦开花当天的花粉活力较低，在 40% 左右，但均极显著性地高于其他天数的，早熟居群开花当天的花粉活力分别为 40.50%±5.37% 和 38.50%±2.03%，随后缓慢下降，到花后 5 d 时下降至 16.90%±0.62% 和 12.90%±0.92%，与开花当天花粉活力相比有极显著性差异（$P<0.01$），花后 6 d 开始活力迅速下降，花后 9 d 时失去活性，早熟居群的花粉寿命为 7~8 d。

表18　老芒麦不同熟性居群的盛花期花粉活力方差分析

盛花期后天数/d	早熟居群花粉活力（%）		中熟居群花粉活力（%）		晚熟居群花粉活力（%）	
	I_2-KI 法	TTC 法	I_2-KI 法	TTC 法	I_2-KI 法	TTC 法
0	40.50±5.37Aa	38.50±2.03Aa	43.30±4.04Aa	36.00±1.57Aa	36.90±1.28Aa	40.90±2.46Aa
1	36.50±1.51Aa	32.00±1.77Bb	31.90±3.13Bb	31.40±2.28Aab	33.30±0.97ABab	38.00±0.56ABab
2	28.10±0.38Bb	26.00±1.67Cc	27.90±4.29Bbc	29.50±0.87ABb	28.71±1.42BCb	34.10±0.80Bbc
3	25.20±0.57Bb	20.20±2.34Dd	25.40±2.46Bbc	22.50±0.64BCc	23.60±2.09CDc	32.90±1.61Bc
4	22.40±1.11BCbc	15.40±1.93DEe	22.30±0.50BCcd	16.30±4.73CDd	21.40±2.63DEc	25.40±1.94Cd
5	16.90±0.62Cc	12.90±0.92Ee	15.80±1.81CDde	13.90±0.55Dd	16.00±1.24EFd	22.20±1.86CDd
6	7.00±1.66Dd	3.00±1.11Ff	12.50±1.24De	10.90±1.16Ede	10.90±2.50FGe	17.20±1.45DEe
7	4.10±1.21Dde	2.50±1.29Ff	9.90±1.24DEe	5.60±1.93EFef	8.10±1.39Gef	12.80±1.36EFf
8	3.20±1.15Dde	0Ff	3.10±1.07EFf	0Ff	5.40±2.29GHg	9.30±0.65Ff
9	0De	0Ff	0Ff	0Ff	0Hg	0Gg

注：同一列不同大写字母差异极显著性（$P<0.01$），不同小写字母差异显著性（$P<0.05$）

老芒麦中熟居群盛花当天的花粉活力分别为 43.30%±4.04% 及
36.00%±1.57%，均显著性高于其他天数的（$P<0.05$），此后缓慢下降，
至花后 9 d 时失去活性，则中熟居群的花粉寿命为 7~8 d；老芒麦晚熟居
群盛花当天的花粉活力分别为 36.90%±1.28% 和 40.90%±2.46%，之后
呈缓慢下降趋势，到花后 9 d 时丧失活性，其花粉寿命为 8 d。

3.2.1.2 麦薲草不同熟性居群的花粉活力变化

（1）麦薲草不同熟性居群的不同开花期花粉活力之间的比较。图 5
所示，麦薲草中熟居群始花期开花当天的花粉活力为 32.00%，次日下降
至，在开花后第 2 d 时失去活力；末花期的开花当天的花粉活力为
19.00%，至花后 2 d 已丧失活力，始花期和末花期的花粉寿命短，为
2 d；而盛花期的花粉活力较高，为 47.00%，随着室温保存时间的推移，
其花粉活力具有缓慢下降的趋势，花粉寿命为 9 d。

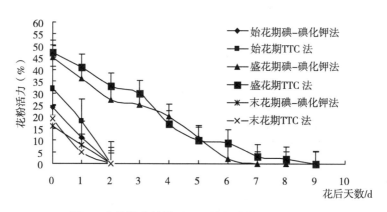

图 5　麦薲草中熟居群不同花期的花粉活力比较

从图 6 可知，晚熟麦薲草不同花期花粉活力间存在很大差异。始花
期的花粉活力为 38.00%，花后 1 d 下降至 17.00%，其花粉活力能持续
3 d；末花期的花粉活力更低，为 15.00%，花后 3 d 时失去活力；盛花期

开花当天的花粉活力为 47.00%，活力持续时间较长，下降相对缓慢，花粉寿命为 9 d。

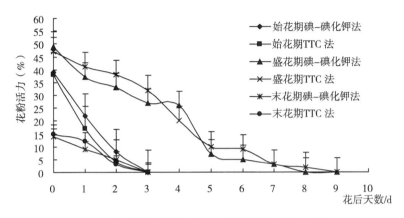

图 6 麦薲草晚熟居群不同花期的花粉活力比较

（2）麦薲草不同熟性居群的盛花期花粉活力方差分析。麦薲草盛花期花粉活力的方差分析结果见表 19。麦薲草中熟居群开花当天的花粉活力分别为 45.00%±0.42% 和 47.00%±2.61%，花后 1~2 d 的花粉活力均极显著性（$P<0.01$）高于其他天数的，而花后 2~3 d 花粉活力间没有显著性差异（$P>0.05$）。从花后 5d 开始迅速下降，至花后 7~9 d 时失去活力。中熟居群干燥保存花粉的寿命为 6~8 d。

麦薲草晚熟居群开花当天的花粉活力接近 50.00%，此后逐渐下降。I_2-KI 法染发现，花后 1~2 d 的花粉活力极显著性高于其他天数的，花后 3~4 d 花粉活力间不存在显著性差异（$P>0.05$），从花后 5 d 开始迅速下降，至花后 8 d 已失去花粉活力；相对比，TTC 法染色得出，其开花当天的花粉活力为 47.00%±2.61%，花后 1~2 d 花粉活力有所下降，但它们之间没有显著性差异（$P>0.05$）。之后则迅速下降，至花后 9 d 均丧失活力。晚熟居群干燥保存花粉的寿命为 7~8 d。

表 19 麦薲草不同熟性居群盛花期的花粉活力方差分析

开花后天数/d	中熟居群花粉活力（%）		晚熟居群花粉活力（%）	
	I₂-KI 法	TTC 法	I₂-KI 法	TTC 法
0	45.00±0.42Aa	47.00±2.61Aa	49.30±2.00Aa	47.00±2.61Aa
1	36.00±0.79Bb	40.50±2.43Bb	37.30±1.21Bb	40.50±2.43ABb
2	26.90±0.75Cc	33.00±1.73Cc	32.90±2.36BCc	37.60±1.91BCb
3	25.00±2.64Cc	30.40±0.62Cc	27.30±2.10CDd	32.00±0.97Cc
4	20.30±0.42Dd	17.10±0.59Dd	24.70±1.24Dd	20.20±3.41Dd
5	10.60±0.27Ee	10.30±0.30Ee	6.80±1.60Ee	10.30±0.30Ee
6	2.50±0.85Ff	8.90±1.60Ee	4.60±1.09EFe	8.90±1.60EFe
7	0Ff	2.90±1.29Ff	2.90±0.86EFef	2.90±1.29FGf
8	0Ff	2.30±1.15Ff	0Ff	2.30±1.15FGf
9	0Ff	0Ff	0Ff	0Gf

注：同一列不同大写字母差异极显著性（$P<0.01$），不同小写字母差异显著性（$P<0.05$）

3.2.1.3　披碱草不同熟性居群的花粉活力变化

（1）披碱草不同熟性居群的不同开花期花粉活力之间的比较。从图 7 看出，披碱草中熟居群不同花期的花粉活力差异很大。始花期花粉活力较高，为 78.00%，之后迅速下降，至开花后 3 d 已失去活力；在末花期，开花当天的花粉活力比始花期的低，为 29.00%，花粉活力下降明显，至花后 2 d 花粉无活力。盛花期的开花当天的花粉活力分别为 83.10%±0.82% 和 82.90%±0.35%，随着开花时间的延长，花粉活力缓慢下降，花粉寿命为 6d。而始花期及末花期的花粉寿命为 3 d。所以，在田间观测传粉特性及其他指标时应选择盛花期的植株，这时的植株材料花期长、具有典型的代表性。

比较披碱草晚熟居群不同花期的花粉活力，结果见图 8，始花期开花当天的花粉活力为 26.00%，之后迅速下降，至花后 2 d 便丧失活性；末

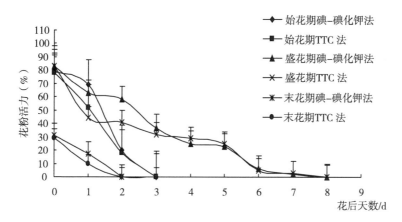

图 7 披碱草中熟居群不同花期的花粉活力比较

花期开花当天的花粉活力为 4.00%，也在花后 2 d 失去活力，始花期和末花期的花粉寿命为 2 d。盛花期的花粉活力持续时间长，下降相对缓慢，花粉寿命为 8 d。

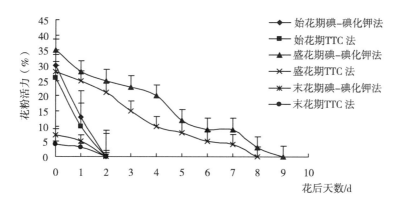

图 8 披碱草晚熟居群不同花期的花粉活力比较

（2）披碱草不同熟性居群的盛花期花粉活力方差分析。中熟披碱草居群的花粉活力方差分析结果见表 20，用 I_2-KI 和 TTC 法染色后，盛花当天小花刚展开内外稃吐丝时的花粉活力最高，分别为 83.10%±0.82% 和 82.90%±0.35%，随后开始缓慢下降。从开花第 5 d 开始花粉活力明显下降，分别降至 6.40%±1.11% 和 4.90%±1.12%，至花后 7 d 时，已失去花粉活力。

表20　披碱草不同熟性居群花粉活力的比较

开花后天数/d	中熟居群花粉活力（%）		晚熟居群花粉活力（%）	
	I_2-KI 法	TTC 法	I_2-KI 法	TTC 法
0	83.10 ± 0.82Aa	82.90±0.35Aa	34.60±1.01Aa	28.40±0.73Aa
1	58.40 ±1.42Bb	41.00±2.26Bb	28.10±0.41Bb	24.50±2.58Bb
2	36.90±1.24Cc	32.30±2.53Cc	25.50±1.08 Cc	21.40±0.37Bb
3	25.30±2.27Dd	28.90±2.53Ccd	22.80±0.74 Dd	14.40±0.79Cc
4	22.60±2.31Dd	24.70±3.85Cd	20.40±0.40 De	9.70±0.62Dd
5	6.40±1.11Ee	4.90±1.12De	12.40±0.73 Ef	7.60±0.27DEde
6	2.00±1.09EFf	2.70±1.15De	8.90±0.2 3Fg	5.30±1.78DEef
7	0Ff	0De	8.80±0.25 Fg	3.90±1.62 EFf
8	0Ff	0De	2.80±0.94 Gh	0Fg
9	0Ff	0De	0Hi	0Fg

注：同一列不同大写字母差异极显著性（$P<0.01$），不同小写字母差异显著性（$P<0.05$）

从表20可以看出，披碱草晚熟居群盛花期当天的花粉活力比中熟居群的低，在30.00%左右，随着室内干燥保存时间的推移，其花粉活力缓慢下降。I_2-KI法染色的结果为：盛花期当天的花粉活力为34.60%±1.01%，花后1~2 d的花粉活力均极显著性（$P<0.01$）高于其他天数的，花后3~4 d花粉活力间存在显著性差异（$P<0.05$）。从花后5 d开始迅速下降，至花后9 d失去活力。TTC法染色后，其开花当天的花粉活力为28.40%±0.73%，花后1~2 d花粉活力有所下降，它们之间没有显著性差异（$P>0.05$），之后则迅速下降，花后5 d花粉活力下降至7.60%±0.27%，至花后8 d失去活力。晚熟居群干燥保存花粉的寿命为7 d左右。由此说明，披碱草开花后1~3 d的花粉活力极显著性高于其他的，将这时期作为最佳传粉期，进行人工授粉可提高授粉率。

3.2.2 柱头可授性的检测

3.2.2.1 老芒麦不同熟性居群的柱头可授性

老芒麦早熟、中熟及晚熟居群在自然条件和去雄处理后柱头可授性的检测结果见表21。老芒麦早熟居群的去雄处理的柱头在开花当天有极强的可授性，柱头呈二裂性，滴加联苯胺混合液后柱头被染成蓝色，并其周围出现大量的气泡，盛花期第2 d的可授性比第1 d的减弱，柱头周围冒出的气泡减少，具有较强的可授性，并一直持续到开花第6 d，第7 d开始，可授性明显减弱，至第11 d时失去可授性；而自然条件下的柱头在盛花第1~2 d具有最强的可授性，之后保持较强的可授性，第7 d起可授性减弱，至开花第10 d时只有部分柱头具弱的可授性，开花第12 d丧失可授性。

表 21　老芒麦不同熟性居群的柱头可授性

开花天数/d	早熟居群柱头可授性		中熟居群柱头可授性		晚熟居群柱头可授性	
	去雄	自然条件	去雄	自然条件	去雄	自然条件
1	最强	最强	最强	最强	最强	最强
2	较强	最强	较强	最强	较强	最强
3	较强	较强	较强	较强	较强	较强
4	较强	较强	较强	较强	较强	较强
5	较强	较强	弱	较强	较强	较强
6	较强	较强	弱	较强	弱	较强
7	弱	弱	弱	弱	弱	较强
8	弱	弱	弱	弱	弱	弱
9	弱	弱	部分有	部分有	弱	部分有
10	弱	部分有	部分有	部分有	弱	部分有

（续表）

开花天数/d	早熟居群柱头可授性		中熟居群柱头可授性		晚熟居群柱头可授性	
	去雄	自然条件	去雄	自然条件	去雄	自然条件
11	没有	部分有	没有	没有	部分有	部分有
12	没有	没有	没有	没有	没有	没有

老芒麦中熟居群去雄处理柱头在盛花期当天具有最强的可授性，第2~4 d的柱头可授性较强，第5 d开始可授性减弱，至第11 d柱头没有可授性，可授期为10 d；自然条件下的柱头在盛花期第1~2 d具最强的可授性，此后柱头维持较强的可授性，至第7 d可授性减弱，第12 d便失去可授性。

老芒麦晚熟居群去雄处理柱头开花当天有最强的可授性，至盛花期第6 d可授性减弱，第12 d时完全丧失活性；自然条件下的柱头最强可授性在盛花期第1~2 d，第8 d时可授性变弱，第12 d失去可授性。

3.2.2.2 麦薲草不同熟性居群的柱头可授性

从表22可知，中熟麦薲草居群的柱头在盛花期第1~2 d内有极强的可授性，第3 d开始柱头均有较强的可授性。去雄处理的柱头从第5 d起可授性变弱，至第10 d时失去活性；作为对照，在自然条件下的柱头有较强的可授性，可维持6 d，从第7 d开始可授性变弱，至第11 d时丧失可授性。

从表22可知，去雄处理的麦薲草晚熟居群柱头在盛花期当天有较强的可授性，并能能持续3 d，此后可授性迅速下降，至第11 d时柱头丧失活力；在自然条件，盛花期第1~2 d拥有极强的可授性，直至第6 d时开始下降，第10 d时过氧化氢酶活性减弱至无。总之，不同熟性麦薲草的柱头在盛花期第1~3 d具有较强的可授性，为最佳可授期。

表 22　麦薲草不同熟性居群的柱头可授性

开花天数/d	中熟居群柱头可授性		晚熟居群柱头可授性	
	去雄	自然条件	去雄	自然条件
1	最强	最强	最强	最强
2	最强	最强	较强	最强
3	较强	较强	较强	较强
4	较强	较强	弱	较强
5	弱	较强	弱	较强
6	弱	较强	弱	弱
7	弱	弱	弱	弱
8	弱	弱	弱	部分有
9	弱	部分有	弱	部分有
10	没有	部分有	部分有	没有
11	没有	没有	没有	没有

3.2.2.3　披碱草不同熟性居群的柱头可授性

从表 23 可知，披碱草的柱头在小花内外稃张开吐丝便有可授性，中熟居群的去雄处理的柱头在盛花期当天有极强的可授性，从第 4 d 开始随着可授性逐渐变弱，至第 9 d 时柱头变黑变干，柱头失去可授性；作为对照，在自然条件下其柱头开花当天有极强的可授性，可授性维持 2~6 d，从第 7 d 开始只有部分柱头具有可授性，并且可授性变弱，至第 10 d 柱头失去活性。

表 23　不同熟性披碱草居群的柱头可授性

开花天数/d	中熟居群柱头可授性		晚熟居群柱头可授性	
	去雄	自然条件	去雄	自然条件
1	最强	最强	最强	最强
2	较强	较强	较强	较强
3	较强	较强	较强	较强
4	弱	较强	较强	弱

（续表）

开花天数/d	中熟居群柱头可授性		晚熟居群柱头可授性	
	去雄	自然条件	去雄	自然条件
5	弱	较强	弱	弱
6	弱	较强	弱	部分有
7	弱	部分有	弱	部分有
8	弱	部分有	弱	没有
9	没有	部分有	没有	没有
10	没有	没有	没有	没有

在自然条件下，披碱草晚熟居群柱头可授性盛花期当天的柱头可授性最强，第 2~3 d 具有较强的可授性，4~5 d 后可授性明显减弱，至第 8 d 柱头失去可授性；而去雄处理的柱头在开花当天具有极强的可授性，第 2~4 d 还保持较强的可授性，第 5 d 开始柱头变褐色，其可授性也变弱，维持至第 9 d 时失去活性。总体来说，披碱草居群的柱头可授性在开花第 1~3 d 具有较强的可授性，此时应为人工授粉的最佳时期。

3.2.3 交配系统

3.2.3.1 不同授粉方式下 3 种牧草结实率的统计

（1）不同授粉方式下老芒麦结实率的统计。

① 不同授粉方式对不同熟性老芒麦结实率的影响。老芒麦不同熟性居群的开放授粉、自交及异交平均结实率见表 24。老芒麦早熟居群的开放授粉与自交结实率间无显著性差异（$P>0.05$），但两者均与异交结实率存在极显著性差异（$P<0.01$）；老芒麦中熟居群开放授粉的结实率为 21.00%，极显著性高于其他两种授粉方式的，自交的结实率比异交的高出 4.00%，但无显著性差异（$P>0.05$）；老芒麦晚熟居群的开放授粉、

自交和异交结实率分别为 19.00%、14.00% 和 15.00%，而三者间不存在显著性差异（$P>0.05$）。

表 24　老芒麦不同熟性居群的开放授粉、自交及异交结实率比较

授粉方式	早熟居群			中熟居群			晚熟居群		
	处理小花总数	处理结实小花数	平均结实率/%	处理小花总数	处理结实小花数	平均结实率/%	处理小花总数	处理结实小花数	平均结实率/%
开放授粉	5 420.00	760.00	14.00Aa	7 000.00	1 490.00	21.00Aa	5 700.00	1 090.00	19.00Aa
自交	6 800.00	780.00	11.00ABa	6 740.00	1 020.00	15.00ABb	5 830.00	830.00	14.00Aa
异交	6 220.00	120.00	2.00Bb	5 850.00	620.00	11.00Bb	6 800.00	1 020.00	15.00Aa

注：同一列不同大写字母差异极显著性（$P<0.01$），不同小写字母差异显著性（$P<0.05$）

② 不同授粉方式对不同熟性老芒麦结实率的影响。比较早熟、中熟及晚熟老芒麦居群不同授粉方式下的结实率，结果见图 9。从图 9 可看出，开放授粉的结实率高于其他两种授粉方式的，中熟居群开放授粉的最高，为 21.00%；其次为晚熟居群开放授粉的，为 19.00%；老芒麦 3 种熟性居群的自交结实率间无显著性差异（$P>0.05$）；而异交结实率间有极显著性差异（$P<0.01$）。

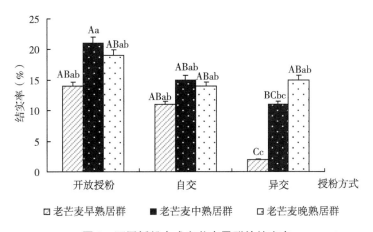

图 9　不同授粉方式老芒麦居群的结实率

③ 老芒麦不同熟性居群穗不同部位小花的结实率比较。老芒麦不同熟性居群的穗不同部位结实率比较结果详见表 25。老芒麦早熟居群开放授粉与自交组穗不同部位结实率间无显著性差异（$P>0.05$），但均与异交有显著性差异（$P<0.05$）；老芒麦中熟居群开放授粉与自交的穗不同部位结实率间无显著性差异（$P>0.05$），与穗顶部和基部的异交处理组有显著性差异（$P<0.05$），而与穗中部的异交组有极显著性差异（$P<0.01$）；老芒麦晚熟居群的穗不同部位结实率间不存在显著性差异（$P>0.05$）。

表 25　老芒麦 3 种熟性居群穗不同部位小花结实率的比较

不同熟性	穗不同部位的结实率/%	不同授粉方式		
		开放授粉	自交	异交
早熟居群	穗顶部结实率	14.40±5.48 Aa	17.00±3.45 Aa	1.00±1.00 Ab
	穗中部结实率	20.20±7.01 Aa	14.60±2.40 Aab	3.80±1.11 Ab
	穗基部结实率	6.60±2.86 Aa	5.80±1.24 Aa	0 Ab
中熟居群	穗顶部结实率	18.60±2.98 Aa	14.80±1.74 Aab	11.30±1.38 Ab
	穗中部结实率	26.10±2.14 Aa	20.20±2.76ABab	15.70±1.28 Bb
	穗基部结实率	10.20±2.18 Aa	10.50±1.34 Aa	4.10±1.18 Ab
晚熟居群	穗顶部结实率	23.10±5.22 Aa	14.70±3.07 Aa	13.30±1.84 Aa
	穗中部结实率	25.10±5.29 Aa	18.30±2.28 Aa	21.50±2.60 Aa
	穗基部结实率	12.20±2.91 Aa	8.30±1.84 Aa	7.40±1.24 Aa

注：同一行不同大写字母差异极显著性（$P<0.01$），不同小写字母差异显著性（$P<0.05$）

（2）不同授粉方式下麦薲草结实率的统计。

①不同授粉方式对不同熟性麦薲草结实率的影响。从表 26 得知，麦薲草中熟居群的开放授粉、自交及异交的平均结实率分别为 19.00%、16.00%和 9.50%。开放授粉和自交平均结实率间无显著性差异（$P>$

0.05），两者均与异交平均结实率有极显著性差异（$P<0.01$）；晚熟居群的开放授粉、自交及异交的平均结实率分别为 46.00%、34.00% 和 8.00%。开放授粉平均结实率比自交的高出 12.00%，两者均与异交平均结实率的差异达到极显著性（$P<0.01$）。

表 26　麦薲草中熟和晚熟居群的开放授粉、自交及异交结实率的比较

授粉方式	中熟居群			晚熟居群		
	处理小花总数	处理结实小花数	平均结实率/%	处理小花数	处理结实小花数	平均结实率/%
开放授粉	5 350.00	1 020.00	19.00 aA	8 030.00	3 670.00	46.00 aA
自交	6 270.00	1 000.00	16.00 aA	8 350.00	2 840.00	34.00 aA
异交	6 520.00	620.00	9.50 bB	9 680.00	810.00	8.00 bB

注：同一列不同大写字母差异极显著性（$P<0.01$），不同小写字母差异显著性（$P<0.05$）

② 不同授粉方式对不同熟性麦薲草结实率的影响。开放授粉、自交及异交处理对不同熟性麦薲草结实率的影响见图 10。结果表明，麦薲草晚熟居群的开放授粉结实率最高，为 46.00%；其次为晚熟居群的自交结实率，为 34.00%，两者之间有显著性差异（$P<0.05$），并极显著性高于其他授粉方式（$P<0.01$）；中熟居群的开放授粉与自交的结实率分别为 19.00% 和 16.00%，两者间没有显著性差异（$P>0.05$）；而中熟及晚熟居群的异交的结实率分别为 9.50% 和 8.00%，无显著性差异（$P>0.05$）。中熟和晚熟居群的开放授粉结实率间存在极显著性差异（$P<0.01$），自交结实率间也有极显著性差异（$P<0.01$），而异交结实率间差异不显著性（$P>0.05$）。

③ 麦薲草不同熟性居群穗不同部位小花的结实率比较。麦薲草中熟居群穗不同部位小花的结实率方差分析结果详见表 27。

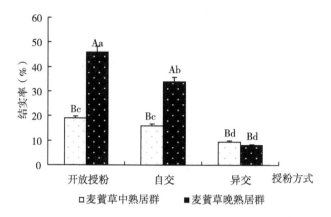

图 10　麦薲草居群不同授粉方式的结实率

表 27　麦薲草中熟和晚熟栽培种穗不同部位小花的结实率方差分析

不同品性	穗不同部位的结实率/%	不同处理		
		开放授粉	自交	异交
中熟居群	穗顶部结实率	19.10 ±1.70 aA	18.40±1.90 aA	10.30±1.80 bB
	穗中部结实率	23.90±3.27 aA	21.30±2.63 aA	12.50±1.73 bB
	穗基部结实率	14.70±1.89 aA	6.20±1.62 bB	5.70±1.31 bB
晚熟居群	穗顶部结实率	49.00±5.39aA	43.00±2.01 aA	12.60±4.38 bB
	穗中部结实率	49.60±5.67 aA	35.40±6.41 aA	7.20±0.81 bB
	穗基部结实率	37.80±5.47 aA	25.40±3.55 bA	3.70±0.92 cB

注：同一行不同大写字母差异极显著性（$P<0.01$），不同小写字母差异显著性（$P<0.05$）

开放授粉、自交处理组穗顶部和穗中部结实率极显著性高于异交处理组的（$P<0.01$），而开放授粉处理组与自交处理组结实率间没有显著性差异（$P>0.05$）；开放授粉处理组穗基部的结实率极显著性高于其他两种授粉方式的（$P<0.01$），但自交处理组与异交处理组结实率间无显著性差异（$P>0.05$）。

晚熟麦薲草穗顶部和穗中部的结实率，在开放授粉处理组与自交处理组间无显著性差异（$P>0.05$），但与异交处理组存在极显著性差异（$P<0.01$）；而穗基部的结实率，在开放授粉、自交处理组均与异交处理组间存在显著性差异（$P<0.05$），开放授粉处理组与异交处理组间差异极显著性（$P<0.01$）。

（3）不同授粉方式下披碱草结实率的统计。

① 不同授粉方式对不同熟性披碱草结实率的影响。从表 28 可以看出，披碱草中熟居群的开放授粉、自交及异交平均结实率分别为 34.00%、17.00% 及 8.00%。开放授粉居群结实率极显著性（$P<0.01$）高于自交和异交居群的平均结实率，而自交居群与异交居群结实率间差异有显著性（$P<0.05$）；披碱草晚熟居群的开放授粉、自交及异交平均结实率分别为 52.00%、45.00% 和 16.00%。开放授粉居群结实率与自交居群结实率差异无显著性（$P>0.05$），但两者与异交的差异均达到极显著性（$P<0.05$）。同时，晚熟居群的开放授粉平均结实率比中熟居群的高出 18.00%，而且不同熟性内开放授粉和异交的结实率均有极显著性差异（$P<0.01$），中熟居群的开放授粉结实率比异交的高出 26.00%；晚熟居群的开放授粉结实率比异交的高出 36.00%。

表 28 披碱草中熟和晚熟居群的开放授粉、自交及异交结实率比较

授粉方式	中熟居群			晚熟居群		
	处理小花总数	处理结实小花数	平均结实率/%	处理小花数	处理结实小花数	平均结实率/%
开放授粉	7 120.00	2 420.00	34.00 aA	6 420.00	3 340.00	52.00 aA
自交	6 460.00	1 080.00	17.00 bB	7 700.00	3 440.00	45.00 aA
异交	7 760.00	630.00	8.00 cB	7 390.00	1 180.00	16.00 bB

注：同一列不同大写字母差异极显著性（$P<0.01$），不同小写字母差异显著性（$P<0.05$）

② 不同授粉方式对不同熟性披碱草结实率的影响。披碱草不同熟性

居群间开放授粉、自交及异交结实率的方差分析结果详见图 11，结果表明，晚熟居群的开放授粉结实率最高，为 52.00%；其次是晚熟居群的自交授粉，结实率为 45.00%，两者之间差异不显著性（$P>0.05$），但均显著性高于其他授粉方式（$P<0.01$）；中熟居群的开放授粉的结实率为 34.00%；而中熟居群的自交及异交授粉与晚熟居群的异交的结实率分别为 17.00%、8.00% 和 16.00%，三者之间差异无显著性（$P>0.05$）。从图 11 得知，披碱草中熟与晚熟居群的开放授粉结实率间有极显著性差异（$P<0.01$），而自交授粉结实率间存在显著性差异（$P<0.05$），但异交授粉结实率间差异不显著性（$P>0.05$）。

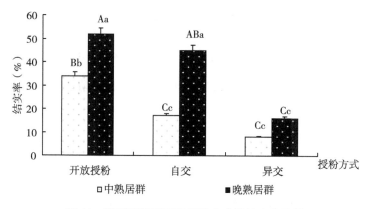

图 11　披碱草居群不同授粉方式的结实率比较

③ 披碱草不同熟性居群穗不同部位小花的结实率比较。从表 29 可知，中熟居群开放授粉、自交和异交间穗顶部结实率差异有显著性，其中开放授粉的结实率极显著性高于其他两种（$P<0.01$），而自交和异交间差异不达到极显著性；对穗中部和穗基部结实率来说，开放授粉的差异极显著性（$P<0.01$），其他两种处理间没有显著性差异（$P>0.05$）。

表29 披碱草中熟和晚熟栽培种穗不同部位小花结实率的比较

不同品性	穗不同部位的结实率/%	不同处理		
		开放授粉	自交	异交
中熟居群	穗顶部结实率	34.20±3.09 aA	20.60±3.10 bB	9.70±2.10 cB
	穗中部结实率	39.00±4.69 aA	23.00±3.97 bB	11.80±3.11 bB
	穗基部结实率	29.10±2.81 aA	7.60±2.58 bB	3.90±1.63bB
晚熟居群	穗顶部结实率	49.50±6.30 aA	49.80±6.36 aA	20.30±4.53 bB
	穗中部结实率	56.60±5.40 aA	49.60±4.98 aA	17.30±2.70 bB
	穗基部结实率	46.90±3.99 aA	38.30±3.65 aA	11.40±2.80 bB

注：同一行不同大写字母差异极显著性（$P<0.01$），不同小写字母差异显著性（$P<0.05$）

从表29的晚熟居群穗不同部位小花结实率的方差分析中发现，开放授粉和自交间没有显著性差异（$P>0.05$），但它们与异交的差异达极显著性（$P<0.01$）。总之，开放授粉和异交的穗不同部位小花的结实率间存在极显著性差异（$P<0.01$）。

3.2.3.2 花粉量和花粉数胚珠数比（P/O值）的估算

3种披碱草属牧草的小穗由3~5枚小花组成，每朵小花则含有3个花药和1个雌蕊，以单个花药花粉量为每居群的花粉量。不同熟性居群花粉量的方差分析结果见表30，由表30可看出，披碱草中熟和晚熟居群的花粉量分别为302.50±7.24和287.00±5.54，极显著性高于其他居群的，其次是麦薲草不同熟性居群的，与老芒麦花粉量有极显著性差异（$P<0.01$）。老芒麦、麦薲草和披碱草植物的小花为单雌蕊，具有1粒胚珠，故其花粉量等于花粉-胚珠比（P/O值），按照Cruden的标准，当P/O值处于31.9~396.0时，繁育系统属于兼性自交型。

表 30　3 种披碱草属牧草花粉−胚珠数比及繁育系统

品种	熟性	单个花药花粉量	胚珠数	花粉−胚珠比	繁育系统
老芒麦	早熟	138.00±18.55Dc	1	138.00±18.55	兼性自交
	中熟	106.00±4.17Dd	1	106.00±4.17	兼性自交
	晚熟	135.50±3.43Dc	1	135.50±3.43	兼性自交
麦薲草	中熟	236.50±6.28Cb	1	236.50±6.28	兼性自交
	晚熟	258.00±5.54BCb	1	258.00±5.54	兼性自交
披碱草	中熟	302.50±7.24Aa	1	302.50±7.24	兼性自交
	晚熟	287.00±5.54ABa	1	287.00±5.54	兼性自交

注：同一列不同大写字母差异极显著性（$P<0.01$），不同小写字母差异显著性（$P<0.05$）

3.2.3.3　杂交指数（OCI）的估算

不同熟性老芒麦、麦薲草和披碱草居群的杂交指数（OCI）观测结果见表 31。老芒麦早熟、中熟和晚熟居群的小花直径分别为（1.39±0.05）mm、（1.45±0.06）mm 及（1.28±0.05）mm，麦薲草中熟和晚熟居群的分别为（1.30±0.06）mm 和（1.14±0.07）mm，披碱草中熟及晚熟居群的分别是（1.22±0.05）mm 和（1.38±0.07）mm，均在 1~2 mm，OCI 记为 1；柱头在开花前便具有可授性，而这时花药尚未散粉，说明雌蕊先熟，OCI 记为 0；花药高于柱头，OCI 记为 1。因此，老芒麦、麦薲草和披碱草的 OCI 值均为 2，依据 Dafni（1992）的标准，披碱草属 3 种牧草的繁育系统均为兼性自交。

表 31　3 种披碱草属牧草杂交指数（OCI）的观测结果

观测指标	观测结果	相应的杂交指数（OCI）
小花直径	1<直径<2 mm	1
雌雄蕊之间时间间隔	雌蕊先熟	0
柱头与花药的空间位置	空间分离	1
杂交指数		2
繁育系统类型	兼性自交	

3.3 老芒麦胚胎发生过程观察

合子进行第一次分裂开始，植物体就保持一种连续进行胚胎发生的状态，并在它的整个生活史中不断产生新的细胞、组织和器官。胚和胚乳同是双受精的产物，它们在发育过程中有着密切的联系。胚最后成为新一代独立生活的孢子体，而胚乳则作为一种特殊的营养组织，或迟或早被胚的发育吸收而不存在。胚是有性循环的最后成果，发生在花中。胚的发生是从合子分裂开始，经过原胚期、鱼雷形胚期和成熟胚期的发育和分化阶段，最后达到成熟。

3.3.1 老芒麦早熟居群胚胎发生过程

3.3.1.1 老芒麦早熟居群胚的发生过程

在开花后 6 d，形成 32-细胞椭圆形原胚（附录 1-1）。原胚细胞进一步分化，花后 7 d 形成棒状胚，此时胚发育已进入分化胚阶段。棒状胚具有明显的胚柄（附录 1-2）。花后 8 d 时，形成一个凹陷，这凹陷为生长点，在生长点的上部开始分化出胚芽鞘的上半部分及盾片，并盾片和胚芽鞘部分开始分离，此阶段称为分化胚 I（附录 1-3）。花后 9 d 左右，在生长点下部出现一个凹陷，此时盾片和胚芽鞘分离，胚芽鞘将生长点包围，而生长点进一步分化形成第一叶原基，为分化胚 II（附录 1-4）。花后 10 d 时，第一叶原基下方的凹陷分化为胚根和胚根鞘，此时期为分化胚 III（附录 1-5）。花后 11 d 已完成胚器官的发育，此时的胚具有盾片、胚芽鞘、胚芽、胚轴、胚根、胚根鞘以及外胚叶（附录 1-6），为成熟胚，此时胚柄完全退化。

3.3.1.2　老芒麦早熟居群胚乳的发生过程

　　虽然胚乳与胚之间没有维管连接，但是胚乳对于胚起着供给营养的作用。在胚生长之前胚乳已经生长，它是消化内部珠心组织生长的。发育的胚又消化胚乳而生长。在老芒麦椭圆形原胚时期（即开花后 6 d），其胚乳游离核之间形成细胞壁，基本完成胚乳细胞化。胚乳细胞较大，细胞间有较大的间隙，接近种皮的 1~2 层细胞比胚乳细胞小（附录 2-1）。在棒状胚时期（开花后 7 d），胚乳细胞变大，种皮外有较厚的角质层，并胚乳最外的 1 层细胞开始分化为糊粉层，糊粉层细胞体积较小，细胞核较大，细胞排列规则而紧密（附录 2-2）。从分化胚至成熟胚（开花后 8~11 d），胚乳细胞形状不规则，体积比糊粉层细胞的大，有较大的细胞间隙（附录 2-3，附录 2-4，附录 2-5，附录 2-6）。

3.3.2　老芒麦晚熟居群胚胎发生过程

3.3.2.1　老芒麦晚熟居群胚的发生过程

　　在开花后 6 d，形成 16-细胞的椭圆形原胚（附录 3-1）。16-细胞的原胚进一步分化形成 32-细胞的棒状胚，具有明显的胚柄（附录 3-2），此时期在花后 7~8 d。花后 9 d 时形成梨形胚，胚的上部和下部分别有一个凹陷，即各有一个生长点（附录 3-3）。花后 10 d 时，胚上部生长点分化出盾片和胚芽鞘的上半部部分，并盾片和胚芽鞘开始分离，为分化胚Ⅰ（附录 3-4）。花后 11 d 时，盾片和胚芽鞘分离，第一叶原基形成，胚芽鞘将第一叶原基包围，此时的胚为分化胚Ⅱ（附录 3-5）。花后 12 d 时，下部的生长点分化为胚根和胚根鞘，胚芽和胚根中间有胚轴，胚器官完全分化形成，胚柄退化，发育成成熟胚（附录3-6）。

3.3.2.2 老芒麦晚熟居群胚乳的发生过程

在椭圆形原胚时期（即开花后6 d），胚乳游离核之间形成细胞壁，基本完成胚乳细胞化。胚乳细胞较大，细胞间有较大的间隙，接近种皮的1-2层细胞比胚乳细胞小（附录4-1）。在棒状胚时期（开花后7~8 d），胚乳细胞变大，种皮外有较厚的角质层，并胚乳的最外1层细胞开始分化为糊粉层（附录4-2）。在梨形胚时期（开花后9 d），糊粉层细胞体积较小，细胞核较大，细胞排列规则而紧密，而胚乳细胞排列无规则（附录4-3、附录4-4、附录4-5、附录4-6）。从分化胚至成熟胚（开花后10~12 d），胚体周围的胚乳细胞开始解体，胚体和胚乳细胞间出现较大的空隙，这进一步证明胚乳胞是给胚提供营养的。

4 讨 论

    本项研究表明，在自然条件下，老芒麦、麦薲草和披碱草种群的开花期不集中，初花期后2~3 d便进入盛花期，盛花期能持续十几天，之后进入末花期。老芒麦早熟和中熟居群的花期为6月中旬至7月上旬，成熟期分别在7月下旬、8月上旬，而晚熟居群的花期在7月中旬至7月下旬，成熟期为9月上旬；麦薲草中熟居群的花期为6月中旬至7月上旬，麦薲草晚熟居群花期为7月上旬至7月下旬，二者成熟期分别为7月下旬和8月下旬；披碱草中熟居群的花期为6月下旬至7月中旬，成熟期在8月上旬，而披碱草晚熟居群的花期为8月中旬至8月下旬，成熟期为9月上旬。这与王海清于2008年在中国农业科学院草原研究所太仆寺旗科学试验基地统计18份野生披碱草属居群物候期的结果基本一致。观察物候期发现，供试材料在7月上旬抽穗，7月中下旬开花，8月下旬成熟。梁国玲等比较高寒地区5份披碱草属牧草农艺性状时发现，老芒麦于6月中下旬开花，7月中下旬成熟；披碱草7月中下旬开花，8月下旬成熟。刘军芳等观察4份披碱草属植物的物候期发现，均在7月中旬开花，8月下旬成熟。这说明，披碱草属植物有较稳定的开花物候。

    同一物种在不同年份即2010年和2012年的物候期间有日期上的偏差。这说明，周围的温度、降水量和湿度等生境条件对披碱草属3种牧草的开花物候有明显的影响。这与曾植虎对比短芒披碱草（*Elymus bre-viaristatus*）、老芒麦（*Elymus sibiricus*）与垂穗披碱草（*Elymus nutans*）

于 2008—2011 年的物候期的观察结果基本一致。曾植虎在 2008—2011 年的 4 年中，同一材料的物候期日期有一定的区别，开花期间相差 2~3 d，成熟期间也只有 2~3 d 的偏差。

马鹤林等研究羊草（*Leymus chinesis*）结实特性时提出，开花期不集中而导致的异花授粉花粉不充足是其结实率低的重要原因。巨龙竹（*Dendrocalamus sinicus*）的开花期长、开花不集中，从而引起结实率低。樊莉丽提出楸树（*Catalpa bungei*）结实率低与其花粉受限有关。对于本研究来说，披碱草属 3 种植物的繁育系统为兼性异交，由单株开花不一致性导致的传粉不集中使花粉不能满足异花授粉的需求，这是导致披碱草属 3 种植物结实率低的重要原因。

异叶苦竹（*Arundinaria simonii f. albostriatus*）的稃片张开 2~4 h 后闭合，加上单株零散开花，使落在柱头上的花粉较少，从而导致其结实率低。本研究中，披碱草属 3 种植物群体开花期较长，而单株零散开花，一天内同时开花的小花数量少。在开花稃片张开时花药伸出稃片外，悬挂在空中。而柱头细小，开花时不伸出稃片外，开花几小时后稃片闭合。稃片一般不张开，对于每一小花来说，开花时只开一次，花药散粉后闭合，之后不再张开；整穗的小花开花时张开，每天只张开一次。因此，花粉落在柱头的概率变小，从而影响授粉率。这可能是披碱草属 3 种植物结实率低的原因之一。

花粉活力及柱头可授性是影响植物授粉、受精过程顺利发生的关键因素。然而，植物花粉活力及柱头可授性往往在较短时间内突发性变化。因此，快速、简便、有效的测定方法是准确了解花粉活力及柱头可授性变化动态的关键。本研究显示，I_2-KI 染色法不适合于披碱草属 3 种植物花粉活力的测定。原因是失活的花粉也积累淀粉，同样被 I_2-KI 染液染成蓝色。而用 TTC 染色后失活的花粉不被染色，准确度较高，是测定披碱草属 3 种植物花粉生活力的一种较好方法。

不同植物的花粉活力与寿命有区别。翠南报春（*Primula sieboldii*）的花粉在开花后 3 d 内活力能保持在 75%以上；第 4 d 开始下降，至第 8 d 失去活力，花粉寿命为 8 d；连翘（*Forsythia suspense*）开花第 2 d 的花粉活力最高，为 94.25%，第 4 d 开始下降，寿命为 10 d；七叶树（*Aesculus chinensis*）开花当天的花粉活力最高达到 75%左右，之后迅速下降，寿命为 4 d；肉苁蓉（*Cistanche deserticola*）开花 3 h 的活力最高，可达 95%，室内保存的花粉寿命为 4~5 d，而低温保存的寿命为 10 d 以上。本研究显示，老芒麦盛花期开花当天的花粉活力在 40%左右，花后 1~3 d 保持较高的活力，花粉寿命为 7~8 d，始花期为 2~3 d，末花期为 1~2 d。麦薲草盛花期开花当天的活力在 45%左右，花粉寿命为 6~8 d，始花期和末花期为 2~3 d。披碱草中熟性披碱草居群的花粉活力开花当天达到 80%以上，晚熟居群开花当天达到 30%左右，花粉寿命为 6~7 d，披碱草初花期和末花期为 2~3 d。最佳传粉期为开花后 1~3 d。

柱头可授期是花成熟过程中的一个重要时期，它能在很大程度上影响自花传粉率及开花不同阶段的传粉成功率等。植物的柱头可授性从几天到几十天不等，在本研究中，老芒麦、麦薲草和披碱草的柱头在开花当天便有极强的可授性，能维持 2~3 d，之后可授性逐渐减低，柱头可授性的最佳时期为开花后 1~3 d，而其花粉活力较强期也在开花后 1~3 d，它们相重叠期较长（约 3 d），将这时期作为最佳传粉期，进行人工授粉可提高授粉率。

花药在开花稃片张开时伸出稃片外，悬挂在空中。而柱头细小，开花时不伸出稃片外，开花几小时后稃片闭合。稃片一般不张开，对于每一小花来说，开花时只张开一次，花药散粉后闭合，之后不再张开；整穗的小花开花时张开，每天只张开一次。因此，花粉落在柱头的概率变小，从而影响授粉率。这可能是披碱草属 3 种植物结实率低的原因之一。

花粉活力与柱头可授性有一定的重叠，这有利于自交的发生。

同一物种的开花天数的差异反映出该物种内单株间开花期不一致性。单株开花期的不一致性预示传粉及受精的不集中。披碱草属3种植物的繁育系统为兼性异交，传粉的不集中使花粉不能满足异花授粉的需求，这是披碱草属3种植物结实率低的重要原因。

3种牧草不同熟性居群的花部特征对开放授粉结实率的影响程度不同。老芒麦早熟和晚熟居群的小穗长度与开放授粉结实率有极显著性正相关关系，而晚熟居群与第一颖长度有极显著性正相关关系；麦䅟草中熟居群与外稃芒长有显著性正相关关系，晚熟居群则与外稃长度有极显著性正相关关系；披碱草的中熟和晚熟居群分别与穗轴节间长及第一颖芒长有极显著性正相关关系。花部特征参数与结实率的相关性有待进一步证明。

认识植物生活史的前提是首先要了解植物花部结构及繁育系统。目前，应用花粉-胚珠比（P/O值）、杂交指数（OCI）及套袋授粉试验等方法来检测植物繁育系统的类型。本研究的套袋授粉试验结果表明，披碱草属3种植物具有较高的自交结实率，这说明自交亲和；而异交的结实率说明披碱草属3种植物异交可育，但均低于开放授粉的结实率。这一结果显示，披碱草属3种植物是以自交为主，异交可育的兼性自交交配系统。从P/O值结果得知，披碱草属3种植物的P/O值为31.9~396.0，按照Cruden的标准，繁育系统属于兼性自交型，这与套袋授粉试验的结果一致。而依据Dafni的标准，测出披碱草属3种牧草的杂交指数OCI=2，即繁育系统为兼性自交，与套袋授粉试验的结果一致。因此，杂交指数（OCI）和套袋授粉试验是检测植物繁育系统的简便方法，其中，套袋授粉试验以结实率为依据，比杂交指数（OCI）更为真实可靠。以上3个实验的结果一致，说明老芒麦、麦䅟草和披碱草的繁育系统为兼性自交交配系统。

本研究表明，不同熟性居群开放授粉的穗不同部位小花结实率极显著性高（$P<0.01$）于自交和异交的结实率。在穗不同部位结实率中均表现出中部>顶部>基部的相同规律。这与牧草开花习性有关，披碱草属 3 种植物花序为穗状，开花顺序为穗中部、顶部的花先开，然后逐渐分别向上、下扩展，基部花最后开放。对于某一个小穗来说，基部小花最先开，然后逐渐向上扩展，顶部小花最后开放。这一开花特点直接影响了不同部位小花的结实率。

整穗上结实的种子重量也与其开花习性有密切关系。开花早部位的种子较重，而开花晚部位的种子由于较短的种子发育时间会引起其种子较轻。这种现象是由植物的资源竞争所引起的。牧草的穗轴花序从穗中部和顶部开始开花结实时，基部的小穗还在发育阶段。当植物资源分配受到穗中部和顶部花和果实的争夺时，穗基部种子发育就会受到限制，从而导致开花晚的种子重量较轻。前人的研究也得到类似的结果。如在研究海百合（*Pancratium maritimum*）中得出，最早开放的花比最晚开放的花有较高的结实率，每朵花平均种子数量也多。Anslow 研究多年生黑麦草（*Lolium perenne*）指出，多年生黑麦草早抽出的穗与晚抽出的穗种子成熟所需时间不一样，早抽的穗种子成熟较快。冰草（*Agropyron cristatum*）和老芒麦（*Elymus sibiricus*）的整穗上所结种子重量遵循中部>顶部>基部的规律；对小穗而言，基部小花（即第一、第二朵小花）的种子最重，向上重量递减，顶部小花一般不结实，以上研究表明，牧草种子的质量与花分化时间及花在花序上的位置有关。

胚和胚乳在共同发育过程中，胚乳的生长是有限的，除少数例外，它不保留在继代的孢子体中；刚受精的胚囊，只有很少的营养物质，胚乳总是先于胚的发育，胚从胚乳吸取营养，最后分化为一个具有各种器官的幼小孢子体。胚柄是早期胚胎的一个组成部分，在胚发育早期有积极的作用，老芒麦胚柄在棒状胚时期开始形成，而进入分化胚阶段后逐渐退化。由此可看出，胚柄为胚体营养物质的吸收和运输起着重要作用。从分化胚至成熟胚时期，胚柄开始退化，而胚体吸收其周围开始散体的胚乳细胞作为营养物质。

主要参考文献

陈丽萍，田国伟，王凤春 . 2000. 小麦小孢子发生过程的超微结构
[J]. 西北植物学报，20（4）：528-532.

陈灵鸷，杨春华，张文君，等 . 2009. 扁穗牛鞭草花粉活力及柱头可
授性研究 [J]. 中国草地学报，39（6）：59-63.

德英，穆怀彬，刘新亮，等 . 2011. 披碱草属 8 种野生牧草居群穗部
形态多样性 [J]. 草业科学，28（9）：1 623-1 631.

德英 . 2019. 我国野生披碱草属牧草遗传多样性研究 [M]. 北京：中
国农业科学技术出版社.

杜巧珍 . 2010. 濒危植物蒙古扁桃繁育系统的研究 [D]. 呼和浩特：
内蒙古师范大学.

樊莉丽 . 2012. 楸树生殖生物学特性的研究 [D]. 南京：南京林业
大学.

付玉嫔，陈少瑜，吴涛 . 2010. 濒危植物大果木莲与中缅木莲的花部
特征及繁育系统比较 [J]. 东北林业大学学报，38（4）：6-10.

高刚，王茜，苟学梅，等 . 2015. 披碱草属及其近源属植物种子胚乳
细胞多样性研究 [J]. 广西植物，35（2）：173-177.

高刚 . 2015. 国产披碱草属植物的系统与进化研究 [D]. 成都：中科
院成都生物所.

高建伟，孙其信，李滨，等 . 2002. 披碱草 *Elymus rectisetus* 无融合生
殖及其转育的研究进展 [J]. 生命科学，14（3）：163-167.

郭春燕 . 2009. 蒙古莸生殖生物学研究［D］. 呼和浩特：内蒙古农业大学.

郭艳平 . 2018. 褐毛铁线莲开花生物学研究［D］. 哈尔滨：东北林业大学.

海棠，宝塔娜 . 2011. 三种豆科牧草繁育过程研究［J］. 内蒙古草业，23（4）：22-27.

何淼，王想，王欢，等 . 2018. 绵枣儿花部综合特征与繁育系统［J］. 中南林业科技大学学报，38（6）：13-22.

贺晓，李青丰，陆海平 . 2004. 老芒麦、诺丹冰草结实特性的研究［J］. 草业科学，21（7）：37-39.

贺晓，李青丰 . 2005. 小花位置对老芒麦和诺丹冰草种子质量的影响［J］. 草业科学，22（7）：37-40.

贺晓，卢立娜，李青丰，等 . 2012. 开花位置和开花时间对华北驼绒藜结实率及种子千粒重的影响［J］. 草业科学，29（7）：1 100-1 104.

贺晓，闫洁，李青丰，等 . 2004. 老芒麦（*Elymus sibiricus* L.）种子发育过程的形态解剖学特征［J］. 中国农业大学学报，9（6）：9-14.

胡适宜 . 2005. 被子植物生殖生物学［M］. 北京：高等教育出版社.

黄新红 . 2008. 巨龙竹生殖生物学的研究［D］. 昆明：西南林业大学.

黄学文，朱乐，贾楠，等 . 2018. 呼伦贝尔野生芍药和栽培芍药的繁殖生物学特性［J］. 农业与技术，38（15）：36-38.

姜波，沈宗根，阮仙利，等 . 2012. 贯叶连翘的开花动态与繁育系统研究［J］. 广西植物，32（4）：457-463.

李常保，刘艳华，杜长青，等 . 2002. 普通小麦与粗山羊草正反交育性机理的胚胎学研究 [J]. 作物学报, 28 (2): 170-174.

李和平. 2009. 植物显微技术 [M]. 北京: 科学出版社.

李林玉, 杨丽英, 王馨, 等. 2009. 灯盏花的繁育系统与访花昆虫初步研究 [J]. 西南农业学报, 22 (2): 454-458.

李灵, 吉成均, 尤瑞麟. 2001. 小麦大孢子发生过程中的超微结构研究 [J]. 北京大学学报 (自然科版), 37 (4): 444-453.

李青丰, 常峰, 董天明. 2000. 几种禾本科牧草开花结实特性的研究 [J]. 内蒙古草业 (1): 41-43.

李群, 王学英, 王帅, 等. 2011. 蜀葵开花与繁育特性研究 [J]. 北方园艺 (9): 95-98.

李霞, 王一峰. 2014. 甘肃省风毛菊属植物多样性研究 [J]. 北方园艺 (12): 65-69.

李肖夏. 2013. 淫羊藿属植物的花部特征及其传粉适应 [J]. 武汉: 武汉大学.

李兴锋, 王洪刚. 2002. 小黑麦×小滨麦三属杂种 F_1 小孢子发生和雄配子体发育的细胞学特点研究 [J]. 西北植物学报, 22 (4): 766-770.

李莺, 陈鹏涛, 樊静静. 2012. 七叶树花粉活力和柱头可授性变化的研究 [J]. 广西植物, 32 (6): 816-821.

李月华, 丁寿康, 贾继增, 等. 1992. 小麦剪药去雄套袋杂交技术 [J]. 作物学报, 18 (5): 387-390.

李造哲, 谢菲, 马青枝, 等. 2016. 披碱草胚和胚乳的发育 [J]. 中国草地学报, 38 (6): 98-101.

李正理. 1973. 植物制片技术 [M]. 北京: 科学出版社.

李志军, 焦培培, 王玉丽, 等. 2011. 濒危物种灰叶胡杨的大孢子发生和雌配子体发育 [J]. 西北植物学报, 31 (7): 1 303-1 309.

廖云海，陆嘉惠，张际昭，等．2010．光果甘草生殖生物学特性的初
　　步研究［J］．西北植物学报，30（5）：939-943．

林树燕．2009．鹅毛竹和异叶苦竹的生殖生物学的研究［D］．南京：
　　南京林业大学．

刘家书．2018．多枝柽柳（*Tamarix ramosissima*）两季花期繁殖生态学
　　特性的比较研究［D］．新疆：石河子大学．

刘军．2010．禾本科四种优等牧草颖果形态解剖学研究［J］．内蒙古
　　师范大学学报（自然科学汉文版），39（2）：182-185．

刘林德，王仲礼，田国伟，等．1998．刺五加胚和胚乳发育的研究
　　［J］．植物分类学报，36（4）：298-304．

刘林德，祝宁，申家恒，等．2002．刺五加、短梗五加的开花动态及
　　繁育系统的比较研究［J］．生态学报，22（7）：1 041-1 048．

刘志虎，何天明，钟芳．2003．梨花粉量的测定与分析［J］．甘肃林
　　业科技，28（1）：34-35．

刘宗才，焦铸锦，董旭升，等．2011．鸢尾的花部结构及繁育系统特
　　征［J］．园艺学报，38（7）：1 333-1 340．

卢立娜，贺晓，李青丰，等．2013．华北驼绒藜繁育系统研究［J］．
　　西北植物学报，33（7）：1 368-1 372．

马鹤林，宛涛，王凤刚．2010．羊草结实的特征特性［A］．见：马鹤
　　林．马鹤林文集［M］．北京：气象出版社：241-243．

任明迅．2010．两性花的雄蕊运动：多样性和适应意义［J］．植物生
　　态学报，34（7）：867-875．

宋振巧，陈为序，王建华．2012．金银花开花与繁育特性研究［J］．
　　山东农业科学，44（1）：32-34，38．

苏旭，刘玉萍，吴学明．2012．披碱草属3组植物叶片解剖特征及其
　　系统关系［J］．西北植物学报，32（6）：1 148-1 154．

铁军，金山，茹文明，等 .2008. 连翘花粉活力和柱头可授性研究
[J]. 山西大学学报（自然科学版），31（4）：604-607.

王崇云，党承林 .1999. 植物的交配系统及其进化机制与种群适应
[J]. 武汉植物学研究，17（2）：163-172.

王海清，徐柱，祁娟 .2009. 披碱草属四种植物主要形态特征的变异
性比较 [J]. 中国草地学报，31（3）：30-35.

王海清 .2009. 披碱草属（*Elymus* L.）植物形态解剖学研究 [D].
北京：中国农业科学院.

王丽 .2005. 珍稀濒危植物华山新麦草的胚胎学及其遗传多样性研究
[D]. 西安：西北大学.

王艳哲，崔彦宏，张丽华，等 .2010. 玉米花粉活力测定方法的比较
研究 [J]. 玉米科学，18（3）：173-176.

王迎春，马红，屠骊珠 .1996. 诺丹冰草（*Agropyron nordan*）无融合
生殖的胚胎学研究 I 大孢子发生和雌配子体的形成 [J]. 内蒙古
大学学报（自然科学版），27（3）：397-401.

王照兰，赵来喜，等 .2007. 老芒麦种质资源描述规范和数据标准
[M]. 北京：中国农业出版社.

卫星，申家恒 .2003. 羊草大、小孢子发生与雌、雄配子体发育的观
察 [J]. 西北植物学报，23（12）：2 058-2 066.

伍成厚，李冬妹，梁承邺，等 .2005. 五唇兰大孢子发生的超微结构
观察 [J]. 热带亚热带植物学报，13（1）：45-48.

夏青，周守标，张栋，等 .2012. 紫堇的花部综合特征与繁育系统的
研究 [J]. 中国中药杂志，37（9）：1 191-1 196.

谢菲，李造哲，马青枝，等 .2014. 披碱草幼穗分化的观察 [J]. 中
国草地学报，36（3）：16-21.

徐荣，朱维成，陈君，等 .2011. 肉苁蓉花粉活力与柱头可授性研究

［J］．中国中药杂志，36（3）：307–310．

徐正尧，杨彩云，杨貌仙．1994．黑节草大孢子发生及雌配子体发育研究［J］．云南大学学报（自然科学版），16（2）：164–167．

杨旭．2018．荒漠植物骆驼蓬繁殖生物学的研究［D］．石河子：石河子大学．

杨艳娟，谢世清，孟珍贵，等．2012．濒危药用植物云南黄连传粉生态学研究［J］．西北植物学报，32（7）：1 372–1 376．

杨允菲．1990．东北四种野生披碱草结实器官和种子产量性状的比较［J］．中国草地，02：66–68．

张林静，王丽，李智选，等．2002．华山新麦草小孢子发生及雄配子体的形成［J］．西北大学学报（自然科学版），32（1）：77–80．

赵彦，许圣德，云锦凤，等．2013．加拿大披碱草新品系大小孢子发育与开花习性研究［J］．草地学报，21（6）：1 188–1 193．

郑国锠．1993．生物显微技术［M］．北京：高等教育出版社．

仲裕泉，徐杰，薛淑伦．1986．大麦受精过程及胚胎早期发育［J］．江苏农业学报，2（1）：13–18．

周兵，闫小红，肖宜安，等．2013．外来入侵植物美洲商陆的繁殖生物学特性及其与入侵性的关系［J］．生态环境学报，22（4）：567–574．

Anslow R C. 1964. Seed formation in perennial ryegrass Ⅱ. Maturation of seed［J］. Grass and Forage Science，19（3）：349–357.

Fuchs E J，Lobo J A，Quesada M. 2003. Effects of forest fragmentation and flowering phenology on the reproductive success and mating patterns of the tropical dry forest tree *Pachira quinata*［J］. Conservation Biology，17（1）：149–157.

Hamrick J L，Godt M J W. 1990. Allozyme diversity in plant species［J］.

In Plant population genatics, breeding, and genetic resources, edited by A. H. D. Brown et al. Sinauer Associate. Inc. Sunderland, USA. 43-63.

Medrano M, Guitian P, Guitian J. 2000. Patterns of fruit and seed set within inflorescences of *Pancratium maritimum* (Amarylidaceae): non-uniform pollination, resource limation, or architectural effects? [J]. American Journal of Botany, 87 (4): 493-501.

附录1 老芒麦早熟居群胚的发生过程

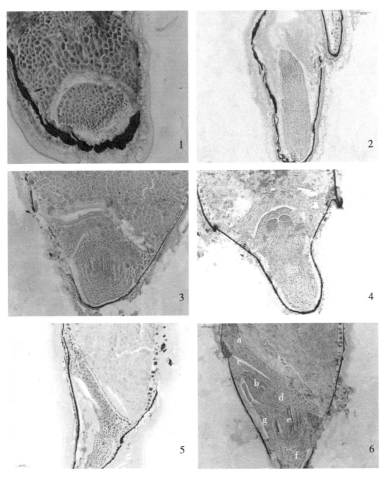

1. 椭圆形原胚　2. 棒状胚　3. 分化胚Ⅰ　4. 分化胚Ⅱ　5. 分化胚Ⅲ　6. 成熟胚

a. 盾片；b. 胚芽；c. 胚芽鞘；d. 胚轴；e. 胚根；f. 胚根鞘；

g. 外胚叶；h. 角质层；i. 种皮；j. 糊粉层

附录 2 老芒麦早熟居群胚乳的发生过程

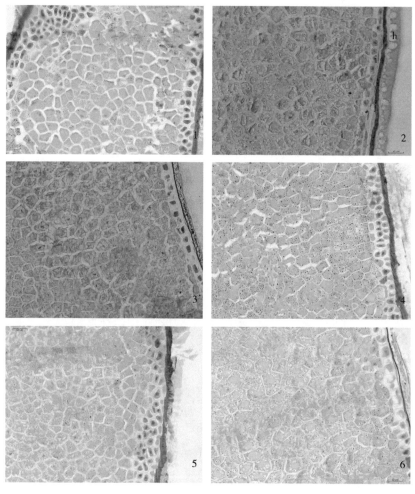

1. 椭圆形原胚时期的胚乳　2. 棒状胚时期的胚乳　3. 分化胚Ⅰ时期的胚乳
4. 分化胚Ⅱ时期的胚乳　5. 分化胚Ⅲ时期的胚乳　6. 成熟胚时期的胚乳

附录3 老芒麦晚熟居群胚的发生过程

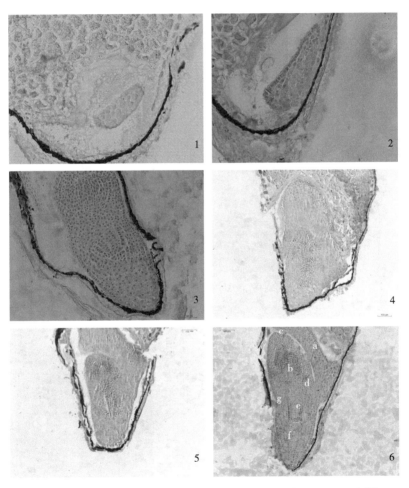

1. 椭圆形原胚　2. 棒状胚　3. 梨形胚　4. 分化胚Ⅰ　5. 分化胚Ⅱ　6. 成熟胚

a. 盾片；b. 胚芽；c. 胚芽鞘；d. 胚轴；e. 胚根；f. 胚根鞘；

g. 外胚叶；h. 角质层；i. 种皮；j. 糊粉层

附录 4 老芒麦晚熟居群胚乳的发生过程

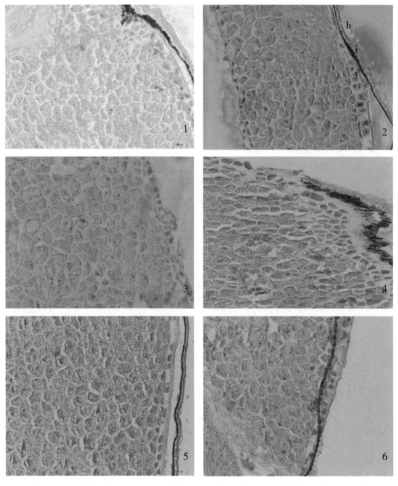

1. 椭圆形原胚时期的胚乳　2. 棒状胚时期的胚乳　3. 梨形胚时期的胚乳

4. 分化胚Ⅰ时期的胚乳　5. 分化胚Ⅱ时期的胚乳　6. 成熟胚时期的胚乳

附录 5　主要试剂配制方法

1. F. A. A 固定液

5 mL 38%甲醛+5 mL 冰乙酸+90 mL 50%乙醇。

2. I_2-KI 溶液

取 KI 1 g 溶于 5~10 mL 蒸馏水，再加入 0.5 g I_2，待全部溶解后加蒸馏水至 100 mL，贮于棕色瓶中保存。

3. 0.5%TTC 溶液

取 0.5 g TTC，先加少量 95%乙醇使其溶解，然后用蒸馏水定容至 100 mL，贮于棕色瓶中 4℃ 避光保存。

4. 1%联苯胺溶液

取 1 g 联苯胺溶于 20 mL 温热的冰乙酸中，再用蒸馏水定容至 100 mL，贮于棕色瓶中保存。

5. 3%过氧化氢溶液（现用现配）

量取 3 mL 30%过氧化氢，加 27 mL 蒸馏水。

6. 联苯胺-过氧化氢反应液（1%联苯胺溶液：3%过氧化氢：蒸馏水混合液体积比为 4：11：22）

量取 11 mL 1%联苯胺溶液+30 mL 3%过氧化氢+59 mL 蒸馏水，贮于棕色瓶中避光保存。

7. 梅氏黏片剂

取新鲜鸡蛋一个，两端各打破一个小孔，在 100 mL 量筒上待蛋清完全流出后加入等体积甘油和少量水杨酸钠（防腐剂），用力摇荡，上浮泡沫，下沉杂质时用 4 层纱布过滤即可。

8. 番红乙醇溶液

取 5 g 番红，溶于 500 mL 50% 乙醇中，完全溶解后用 4 层纱布过滤。

9. 固绿染色液

取 0.5 g 固绿溶于 25 mL 无水乙醇中，在过滤液中加 25 mL 丁香油轻轻摇匀即可。

附录6 使用的主要仪器

实验用主要仪器设备型号及厂家如附表1所示。

附表1 实验用主要仪器设备型号及厂家

名称	公司	型号
数码显微镜摄影系统	麦克奥迪公司 麦克奥迪公司	Motic BA600 Mot Moticam Pro 显微摄影
解剖镜	麦克奥迪公司	Motic SMZ-168
恒温箱	厦门医疗电子仪器厂	HH-B11-420
鼓风干燥箱	上海实验仪器厂	101-1
分析天平	德国艾科勒 ACCULAB	ALC-110.4
冰箱	合肥美菱股份有限公司	BCD-249CF
切片机	浙江金华无线电厂	202 轮转式切片机